中等职业教育改革创新示范教材

# 网页制作综合实训

主　编　伍佳慧　秦红梅

副主编　韦贤俊　黄家宁

参　编　郭　辉　韦　杏　茹佐聪

　　　　谢江琪　赵晓君　黎　军

U0245341

机 械 工 业 出 版 社

本书采用任务驱动和理实一体相结合的方式编写,以具体实例为任务目标,模拟工作情境,让学生体验整个工作流程,并在完成实例的过程中掌握和提高相应的知识与技能。全书分为 6 个项目,内容包括校园网的设计与制作、服饰网的设计与制作、企业网的设计与制作、赛务网的设计与制作、旅游网的设计与制作、个人网站建设。

书中的案例是按当前网页制作领域中最常见的类型精选的具有代表性的网站实例,是对企业项目开发案例进行整合后的精编版,也是编者在一线教学与实践中经验的积累,具有很高的参考价值。

本书既可以作为中等职业学校计算机相关专业的教学用书,也可作为网页设计爱好者自学用书,还可以作为其他专业的教学参考书。

本书配有电子课件和素材,选用本书作为教材的教师可以从机械工业出版社教材服务网(www.cmpedu.com)免费注册下载或联系编辑(010-88379194)咨询。

## 图书在版编目(CIP)数据

网页制作综合实训 / 伍佳慧,秦红梅主编. —北京:机械工业出版社,2015.11(2019.3重印)

中等职业教育改革创新示范教材

ISBN 978-7-111-52141-9

Ⅰ. ①网… Ⅱ. ①伍… ②秦… Ⅲ. ①网页制作工具-中等专业学校-教材 Ⅳ. ①TP393.092

中国版本图书馆 CIP 数据核字(2015)第 270783 号

机械工业出版社(北京市百万庄大街 22 号 邮政编码 100037)
策划编辑:梁 伟 责任编辑:李绍坤 叶蔷薇
封面设计:陈 沛 责任校对:李 丹
责任印制:郜 敏
北京圣夫亚美印刷有限公司印刷
2019 年 3 月第 1 版第 3 次印刷
184mm×260mm · 9.25 印张 · 226 千字
2001—3000 册
标准书号:ISBN 978-7-111-52141-9
定价:25.00 元

凡购本书,如有缺页、倒页、脱页,由本社发行部调换

电话服务

服务咨询热线:(010)88379833

读者购书热线:(010)88379649

**封面无防伪标均为盗版**

网络服务

机工官网:www.cmpbook.com

机工官博:weibo.com/cmp1952

教育服务网:www.cmpedu.com

金书网:www.golden-book.com

# 前 言

为满足中等职业学校教学改革和培养技术应用型人才的需要，编写了这本以能力培养为核心的计算机相关专业教学用书，适用于中等职业学校进行网页制作综合实训教学。

本书紧紧围绕职业教育的教学要求，根据专业设置、教材体系和课程内容，按任务驱动和理实一体化相结合的模式来编写，使学生在学习的过程中更贴近实际岗位，充分体现工学结合、校企合作的课程改革思路。

本书分为 6 个项目，内容包括校园网的设计与制作、服饰网的设计与制作、企业网的设计与制作、赛务网的设计与制作、旅游网的设计与制作、个人网站建设。每个项目都是一个完整的工作过程，以企业需求为网站建设目标，按照项目情境→项目引入→项目实施→项目修改评价→项目验收→项目小结→项目拓展的典型工作流程展开。根据工作过程，每个项目中又设计了若干工作任务，任务下又分为子任务。学生在完成项目的同时，既学习了网页制作的知识又发展了综合职业能力，为今后就业打下了基础。

本书建议安排 120 学时，学时分配表如下。

| 项目序号 | 项目名称 | 参考学时 |
| --- | --- | --- |
| 项目一 | 校园网的设计与制作 | 20 |
| 项目二 | 服饰网的设计与制作 | 15 |
| 项目三 | 企业网的设计与制作 | 25 |
| 项目四 | 赛务网的设计与制作 | 15 |
| 项目五 | 旅游网的设计与制作 | 20 |
| 项目六 | 个人网站建设 | 25 |

本书由伍佳慧和秦红梅任主编，韦贤俊和黄家宁任副主编，参加编写的还有郭辉、韦杏、茹佐聪、谢江琪、赵晓君和黎军。在本书编写过程中得到了学校领导及同事们的大力支持，在此表示衷心的感谢。

由于编者水平有限，书中难免存在不妥之处，恳切大家提出宝贵意见和建议。

编　　者

目 录

# 项目一 校园网的设计与制作

 **项目情境**

张玲作为某中等职业学校计算机应用专业的学生,他的志向就是毕业后能够到网络公司从事网页制作的相关工作。通过前面三个学期的学习,他已经能够熟练掌握网页制作工具 Dreamweaver、图形图像处理工具 Photoshop、动画制作工具 Flash 及切图工具 Fireworks 的使用,但是还没有接触过如何综合使用这些工具按照客户的需要制作网页作品。刚好学校的校园网发出改版通知,张玲和同学们商量决定接下任务,进行校园网站的改版制作。

**项目引入**

张玲从校办公室接到工作任务,并领取工作任务书。该工作任务书中明确了工作任务、项目背景、项目依据和项目要求等。为了更好地理解客户的需求,张玲在校办主任的帮助下,认真解读任务书,了解网站需求,进一步对网站的风格进行定位,了解网站的功能,确定网站的设计结构,设计出网站的效果图。

**校园网设计——工作任务书**

JLFJ-1-01
编号:

| 项目名称 | 南宁第六职业技术学校校园网站改版制作 | | |
|---|---|---|---|
| 任务来源 | 校办公室 | 起止时间 | ×年×月×日至×年×月×日 |
| 项目背景 | 南宁第六职业技术学校是一所中等职业学校,现有网站创建于 8 年前,已经不适合学校现在的发展需要,学校要对现有网站进行改版,具体的栏目和要求查看附件需求文档。 | | |
| 项目依据 | 1. 客户提供的相关材料说明。<br>2. 原有网站网址(http://www.nn6zx.com)。 | | |
| 项目要求 | 对现有网站进行改版,主要的栏目和模块不能少,页面设计风格简洁、大气,符合校园网站的特点。 | | |
| 下发部门 | 网络中心 | 项目负责人 | ××× |
| 主管意见:<br><br>客户重要,请务必准时认真完成!<br><br><br><br>签名:×××<br>日期:×年×月×日 | | | |

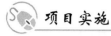

项目实施

项目实施流程如图 1-1 所示。

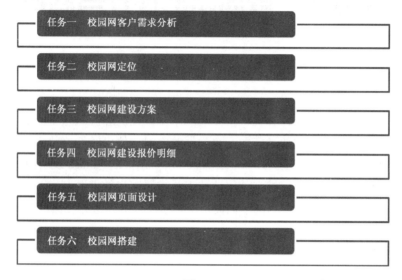

任务一　校园网客户需求分析

任务二　校园网定位

任务三　校园网建设方案

任务四　校园网建设报价明细

任务五　校园网页面设计

任务六　校园网搭建

图　1-1

 任务一　校园网客户需求分析

客户需求，是指学校创建门户网站的目的和对网站提出的特定要求。了解客户需求是建好学校门户网站的前提，主要从以下两个方面进行。

**1. 实地调研**

第一阶段：到南宁六职校校办初次调研，确定网页制作的要求、网站栏目和网站结构。

第二阶段：就主页及整个网站风格由校办主任提出修改意见。

第三阶段：到南宁六职校校办领取学校简介和部门职责等信息。

第四阶段：校办主任提出进一步修改意见。

第五阶段：到校长办公室，针对完成的网站请校长进行检验。

**2. 需求分析**

根据实地调研的情况，分析出如下需求。

1）宣传学校的办学理念，展示办学设施、教师队伍、专业设置和就业情况，提高学校的社会知名度。

2）适时发布学校管理、教学和招生等相关信息，为求学者提供相关的咨询和服务。

3）获取社会各界对学校教学情况的评价、意见和建议。

4）建立与兄弟院校进行交流学习的平台。

5）向社会各界推荐毕业生，为毕业生提供就业信息。

## 任务二 校园网定位

**1. 网站风格定位**

校园网站就是学校的网上形象,每一所学校都有自己的特色,即网页的风格。网站的页面色初步拟定蓝色为基础色,在此色调的基础上进行渐变色的展开,通过色彩的运用突出本网站要传达的求知、务实、健康、热烈和庄严等元素,使网站收到良好的创意效果。

**2. 网站的技术定位**

根据客户的需求分析,将南宁第六职业技术学校校园网技术定位为既包含前台静态页面,又包含后台的数据编程。

根据网站的技术定位,采用的开发环境和开发工具见表 1-1。

表 1-1

| 开发环境 | Windows Server 2003 IIS |
| --- | --- |
| 网站效果图制作工具 | Photoshop |
| 网页制作及切图工具 | Dreamweaver /Fireworks |
| 网页动画制作工具 | Flash |
| 网页特效工具 | JavaScript 样式 |
| ASP 动态网页工具 | VBScript |
| 数据库开发工具 | Access |

## 任务三 校园网建设方案

**1. 网站建设目标及功能定位**

建设目标:对现有校园网站进行改版设计,将现阶段需求与未来需求相结合,将南宁六职校校园网站建设成为适合师生展示和交流的平台。

功能定位:学校师生展示自我价值的平台;学校师生相互交流沟通的平台;对外宣传和招生的平台。

**2. 网站栏目划分**

根据对用户的了解,建立首页、学校概况、新闻中心、部系动态、学科教研、教务行动、教学研究、德育之窗、社会培训、招生就业、党建园地、办事公开和雁过留声栏目。

**3**

### 3. 网站建设拓扑图（见图 1-2）

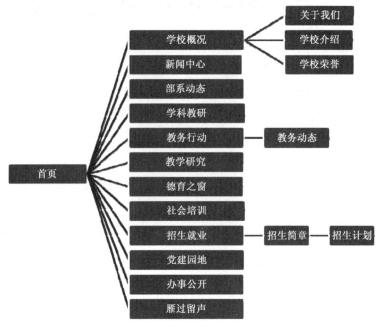

图 1-2

## 任务四 校园网建设报价明细

静态页面设计报价明细见表 1-2。

表 1-2

| 工作项目 | 项目要求 | 页数 | 单价/元 | 合计/元 |
|---|---|---|---|---|
| 首页 | 首页改版 | 1 | 500 | 500 |
| 子页 | 分页栏目设计 | 13 | 100 | 1300 |
| Banner 设计 | 实现 Flash 动画 | 1 | 200 | 200 |
| 总计/元 | 2000 | | | |

服务器空间和域名价格明细见表 1-3。

表 1-3

| 项目名称 | 功能要求 | 个数 | 单价 | 合计/元 |
|---|---|---|---|---|
| 国际域名 | 英文国际域名（.com） | 1 | 40 元 | 40 |
| 服务器空间 | 100M 支持 ASP 及 ACCESS 数据库空间 | 1 | 500 元/年 | 500 |
| 总计/元 | 540 | | | |

# 任务五　校园网页面设计

## 子任务一　制作南宁六职校网站首页效果图

网站首页效果图将按照页面顶部、页面主体和页面底部三大版块进行绘制。这个工作过程可以先在白纸上勾出草图，再用平面设计软件制作平面效果图。最终效果图如图 1-3 所示。

图　1-3

（1）页面顶部　页面顶部所包含的内容有网站 LOGO（客户提供）、网站 Banner（预留 GIF 动画）和网站导航。

（2）页面主体　页面主体所包含的内容有网上报名、办事公开、通知公告、本月排行 TOP10、本周排行 TOP10、网站统计、新闻动态、专业介绍、德育资讯、信息公开、普法工作和最新图文等。

（3）页面底部　页面底部用于放置版权信息。

网站首页是浏览者的向导，它应该具有清晰的浏览机制和导航系统。首页想要吸引浏览者，除了配色和版式外，还应当突出主体、页面简单有效、版面结构组织整齐。美工按照创意构思，从素材库中搜集到了很多免费素材，并开始动手进行网站首页效果图的绘制。依据网站风格定位及客户栏目设置要求，首页效果图图像文件规格设置为宽度 1000 像素、高度 2000 像素和分辨率 72 像素/英寸。

**1. 新建文件、参考线和图层文件夹**

1）准备绘制，启动 Photoshop 软件，执行"文件"→"新建"命令，打开"新建"对话框，新建宽为 1000 像素、高为 2000 像素的文件，分辨率为 72 像素/英寸，颜色模式为"RGB 颜色"，具体如图 1-4 所示。

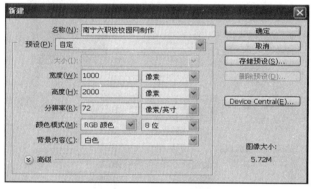

图　1-4

2）添加标尺和参考线，进行页面布局。执行"视图"→"菜单"→"标尺"命令，显示出标尺，参考网页版式布局图上的数据，新建参考线，将页面划分为页面顶部、页面主体和页面底部，并将页面主体又分成左、中、右三部分，如图 1-5 所示。

3）创建图层组，进行分类管理。按照页面结构图，构建图层组结构如图 1-6 所示。

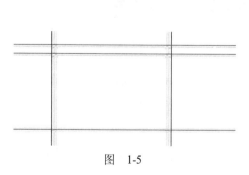

图　1-5

图　1-6

**2. 制作网站 Banner 和导航栏**

1）按照网站 Banner 的构思设想，在素材库中收集所需的各种格式的素材，并根据图片的特点，选择合适的抠图工具，如"魔棒工具""多边形套索工具"和"快速选择工具"等，从而提取素材图片中所需要的元素。

2）执行"文件"→"置入"命令，将校园图片置入画布中，素材图片作为智能对象存放在自动生成的新图层中。将图层命名为"校园图 1"并将图层放置在"页面顶部"图层组中。在该图层上单击鼠标右键，在弹出的快捷菜单中选择"栅格化图层"命令将素材图层转化为常规图层。

3）选择"校园图 1"图层，单击图层属性下面的"添加矢量蒙版"按钮，如图 1-7a 所示，接着将前景色设置为黑色、背景设置为白色，选择"渐变工具"，为图层设置蒙版效果。完成后的效果如图 1-7b 所示。

a)

b)

图 1-7

4）置入 LOGO 图标，并输入文字"南宁市第六职业技术学校"，将文字在"图层样式"对话框中设置外发光效果。

5）使用"矩形工具"绘制导航，双击导航图层，弹出"图层样式"对话框，单击图案叠加，选择一种图案，并将"不透明度"设置为 60%，如图 1-8 所示。

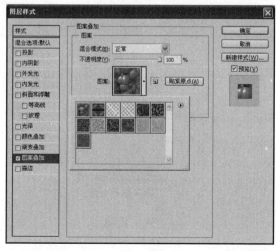

图 1-8

6）在导航上输入文字（首页、学校概况、新闻中心、部系动态、学科教研、教务行动、教学研究、德育之窗、社会培训、招生就业、党建园地、办事公开和雁过留声），将文字颜色设置为白色，完成后的效果如图 1-9 所示。

图　1-9

**3. 制作网上报名栏目**

1）选择"矩形工具"绘制矩形，双击图层弹出"图层样式"对话框，勾选"渐变叠加"及"描边"复选框并进行相应设置，具体参数设置如图 1-10 所示。

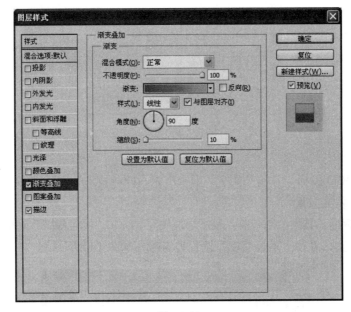

图　1-10

2）输入标题文字"网上报名"并描边，输入文字"网上报名系统"和"招生简章"并设置内阴影效果。

3）选择相应的图标置入并调整图片大小。

4）完成后的效果如图 1-11 所示。

图　1-11

**4. 制作通知公告栏目**（见图 1-12）

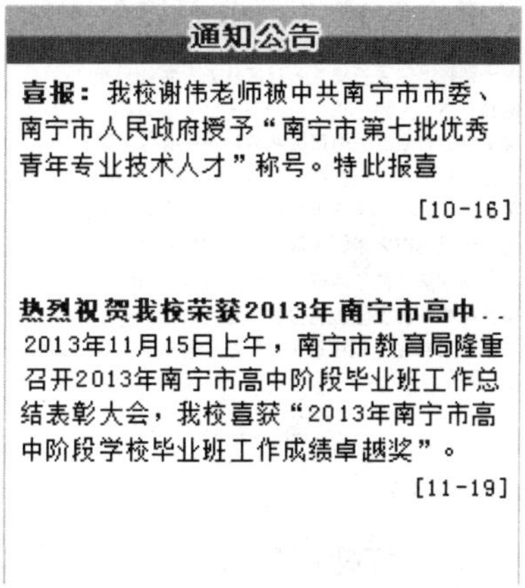

图　1-12

**5. 制作本周排行 TOP10 栏目**（见图 1-13）

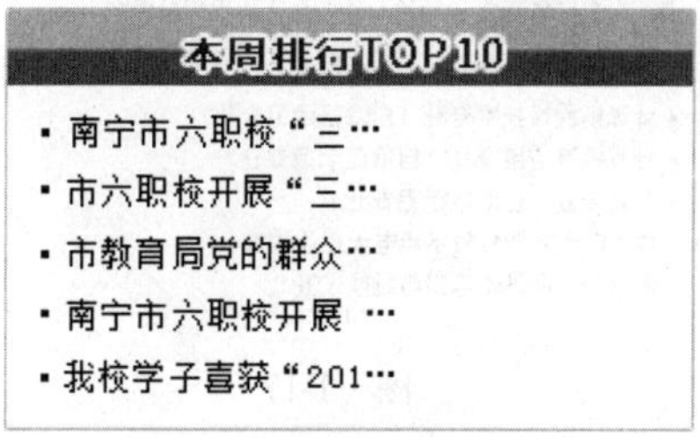

图　1-13

**6. 制作新闻动态栏目**

1）选择"矩形工具"绘制矩形，并按照前面介绍的方法在"图层样式"对话框中设置渐变颜色，如图 1-14 所示。

图　1-14

2）选择"自定义形状工具"，绘制三角形，完成后的效果如图 1-15 所示。

图　1-15

3）输入文字"新闻动态""最新推荐""最新图文""会员投稿"并把新闻动态文字加粗，设置为白色。

4）绘制矩形，设置矩形为白色、灰色描边，并输入相应文字，完成后的最终效果如图 1-16 所示。

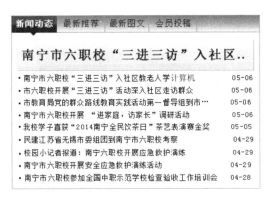

图　1-16

## 7. 制作专业介绍栏目（见图 1-17）

在此基础上完成德育资讯、教务行动、科研资讯、信息公开和普法工作栏目的制作。

图　1-17

## 8. 制作最新图文栏目（见图 1-18）

图　1-18

## 9. 制作优秀毕业生风采栏目（见图 1-19）

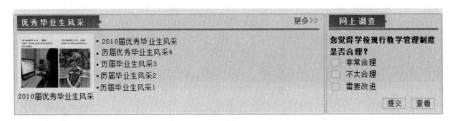

图　1-19

**10.** 制作页脚版权信息（见图 1-20）

图 1-20

## 子任务二 制作分页学校概况和新闻中心栏目

分页学校概况效果如图 1-21 所示。

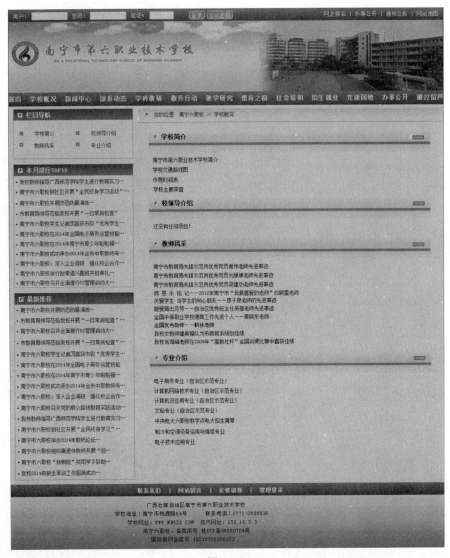

图 1-21

新闻中心栏目如图 1-22 所示。

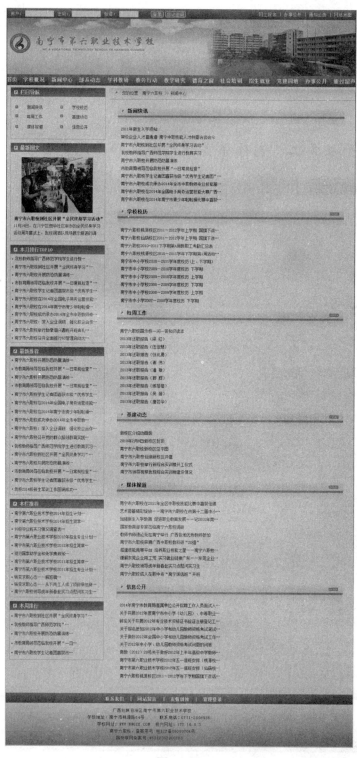

图 1-22

分页的制作过程可以从首页的效果图中变化而来，如背景可以保持不变，头部注册文件、Banner 区的图片和页脚版权信息等都可以从首页中提出来，不需要重新设计。

任务六　校园网搭建

网站搭建是项目建设的最后一个环节，是依据网站效果图，把网站用网页编辑工具搭建成形，以便于网上浏览。进行网站搭建时，首先要利用 Fireworks 切片工具，将效果图进行切片输出。切出的图片作为网站的图片素材，切片划分如图 1-23 所示。

图　1-23

导出图片，文件夹命名为"images"，另存切片为 Fireworks PNG（*.png）格式。

**13**

## 子任务一　网站首页的制作

**1. 创建站点并设置页面属性**

1）启动 Dreamweaver，单击"站点"→"新建站点"命令，在弹出的对话框中单击"高级设置"选项，定义"站点名称"和"本地站点文件夹"，默认图像文件夹的其他参数不做修改，如图 1-24 所示。

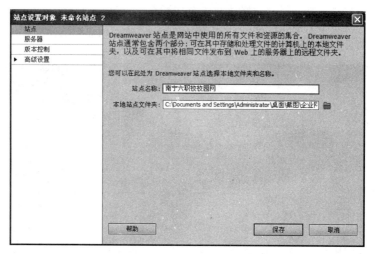

图　1-24

2）单击"保存"按钮，则在"文件"面板中显示刚才创建的站点。在站点根文件夹上单击鼠标右键，选择"新建文件"命令并重命名为"index.html"，双击新创建的文件，进入其网页的编辑状态。

3）在编辑窗口中单击"页面属性"按钮，打开"页面属性"对话框，选择"分类"列表框中的"外观"选项，设置字体大小为"12 像素"，设置背景色为蓝色，在上、下、左、右边距文本框中均输入"0 像素"，如图 1-25 所示。

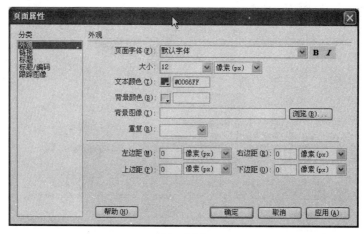

图　1-25

4）选择"标题/编码"选项，设置编码为"简体中文（GB2312）"，单击"确定"按钮，返回编辑窗口。

**2. 制作网站的 Banner 区和导航**

1）将光标置于编辑窗口中，单击"常用"工具栏中的"表格"按钮，打开"表格"对话框。插入 3 行 1 列的表格，设置"宽度"为"1042 像素"，"边框粗细""单元格边距""单元格间距"均为 0，具体如图 1-26 所示。此表格记为表格 1。

图　1-26

2）用户注册栏的制作。在表格第一行中再次插入 1 行 8 列的表格，单击"插入"面板的表单选框，选择文本框，依次在"用户""密码""验证码"后分别插入。最终效果如图 1-27 所示。

图　1-27

3）选中表格第二行，插入广告 Banner 图片（此图片后期将做成 GIF 动画），如图 1-28 所示。

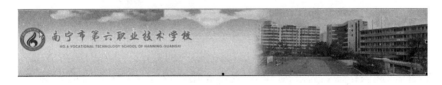

图　1-28

4）选中表格第三行，在 Fireworks 中测量作为背景图的切片的高度后，设置行高为 32 像素，然后以背景的形式插入导航图片作为背景，接着依次输入导航文字，具体如图 1-29 所示。

图　1-29

**3. 制作报名系统栏目**

1）把光标置于表格 1 后面，插入一个 1 行 3 列、宽为 1042 像素的表格，将第一列宽度设置为 280 像素，第二列宽度为 15 像素，其余的给第三列。此表格记为表格 2。

2）在第一列中插入一个 3 行 1 列，宽度为 95% 的表格，设置为居中对齐。在里面分别插入网上报名、网上报名系统和招生简章三张图片。同理制作通知公告、本周排行 TOP10 和本月排行 TOP10 等左边栏目。

**4. 制作通告通知栏目**

方法同上。

**5. 制作本周排行 TOP10 栏目**

方法同上。

**6. 制作本月排行 TOP10 栏目**

方法同上。

**7. 制作新闻动态栏目**

1）在表格 2 的第三列中，插入一个 5 行 1 列、宽度为 100% 的表格，如图 1-30 所示。

图　1-30

2）选中第一行，拆分单元格，将第一行拆分为两列。在第一列中插入 3 行 1 列，宽为 420 像素的表格，此表格命名为表格 3，将表格 3 第一行拆分为 1 行 2 列，第一列设置高为 33 像素、宽为 90 像素，以背景图像的方式插入图片（index_r20_c12.jpg），第二列也插入图片（images/dd.jpg），并在图片上输入相应文字，最终效果如图 1-31 所示。

图　1-31

3）新建外部样式。单击 CSS，弹出"新建 CSS 规则"对话框，命名为".kunag"，新建样式表文件，如图1-32所示。

图 1-32

4）选择边框选项，定义边框样式如图1-33所示。

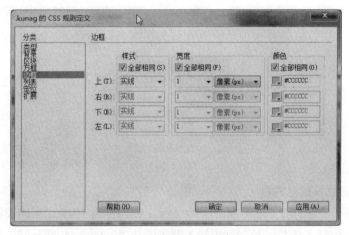

图 1-33

5）选中表格3，应用表格边框样式。同理定义行高样式，输入相应的文字，最终效果如图1-34所示。

图 1-34

**8. 制作专业介绍栏目**

在此基础上完成德育资讯、教务行动、科研资讯、信息公开、普法工作栏目。

**9. 制作最新图文栏目**

步骤略。

**10. 制作优秀毕业生风采栏目**

步骤略。

**11. 制作网上调查栏目**

插入 6 行 1 列表格，在第一行中插入网上调查栏目图片，第二行中输入相应的文字，第三、四、五行中分别插入复选框，第六行中插入两个按钮，名称分别设置为"提交表单"和"重置表单"，如图 1-35 和图 1-36 所示。

图　1-35

图　1-36

**12. 制作页脚版权信息栏目**

1）把光标定位在表格 2 后面，插入一个 2 行 1 列、宽为 1042 像素的表格。

2）在第一行中插入图片，第二行中插入背景图片"index_r45_c8.jpg"，输入版权信息，最终效果如图 1-37 所示。

图　1-37

## 子任务二　网站子页的制作

本网站的子页在形式上套用了主页的结构，使之在风格上与主页完全统一。页面特点如下。

1）通过表格的嵌套、单元格的拆分与合并来进行网页元素的布局。

2）表单的制作。

3）栏目背景图片的制作。

## 子任务三　链接主页与子页

对主页与各子页之间进行链接，并使链接畅通。

## 子任务四 横幅广告动画的制作

1）将在 Dreamweaver 中切图的 Banner 图片在 Photoshop 中打开，如图 1-38 所示。

图 1-38

2）选择另外 3 张校园风景的图片素材分别在 Photoshop 中打开，用柔角橡皮擦或遮罩工具进行图像处理，使其符合动画制作的要求，3 张图片处理后的效果如图 1-39 所示。

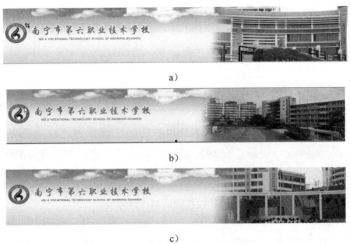

a）

b）

c）

图 1-39

3）单击"菜单"→"窗口"→"动画"命令，打开动画窗口。当前图层为动画第 1 帧。单击"动画"面板中的"复制当前帧"按钮，在当前帧上隐藏"图片 1"。

4）单击"动画"面板中的"过渡"按钮，在弹出的"过渡"对话框中进行设置，如图 1-40 所示。

图 1-40

5）复制当前帧（第 7 帧），在复制后的第 8 帧上隐藏"图片 2"。同理，单击"过渡"按

**19**

钮，按上述方法，加入 5 帧过渡帧，动画窗口如图 1-41 和图 1-42 所示。

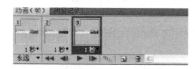

图　1-41

图　1-42

6）在当前帧（第 13 帧）状态下，依然单击"过渡"按钮，添加 5 帧过渡帧，但此过渡方式选择"第 1 帧"。

7）选择所有的帧，设置它们的延迟时间为 1s。单击"动画"面板中的"播放动画"按钮，浏览动画效果。

### 🔊 项目修改评价

对制作完成的南宁六职校网站进行调试发布，在广泛征集客户意见的基础上，尽可能地按照客户要求进行配套修改与更新，使得网站进一步完善，达到制作网站的目的。

完成南宁六职校校园网制作评分表（见图 1-43）。

#### 南宁六职校校园网制作评分表

班级：_____　组号：_____　组长：_____　组员：_____

| 任务 | 满分 | 自评（20%） | 互评（30%） | 师评（50%） | 权重 | | 实得分 |
|---|---|---|---|---|---|---|---|
| 任务 1.1：客户需求分析 | 30 | | | | 理论 | 0.3 | |
| 任务 1.2：网站风格定位 | 20 | | | | | | |
| 任务 1.3：网站建设方案 | 20 | | | | | | |
| 任务 1.4：网站设计方案报价明细 | 30 | | | | | | |
| 任务 1.5：制作南宁六职校首面效果图 | 30 | | | | 理论+实践 | 0.6 | |
| 任务 1.6：制作南宁六职校分页效果图 | 20 | | | | | | |
| 任务 1.7：按首页、分页效果图制作页面 | 30 | | | | | | |
| 任务 1.8：征求客户意见，修改完善 | 10 | | | | | | |
| 任务 1.9：项目小结，评分 | 10 | | | | | | |
| 分析问题、解决问题的能力 | 50 | | | | 综合 | 0.1 | |
| 小组合作能力 | 50 | | | | | | |
| 合计 | 200 | | | | | | |

图　1-43

**项目验收**

经南宁市六职校校级领导对网站进行项目验收，最后通过 FTP 上传到学校申请的服务器中，在网上进行浏览。

 **项目小结**

1）本项目主要介绍了教育类网站的前期准备、中期制作和网站搭建等内容，突出了教育类网站为教师、学生和家长提供服务及教育资源共享的特点。

2）通过本项目的学习，对网站制作的前期准备工作应有一个深刻的认识，明确客户需求、网站风格及网站建设方案的制订方法，同时使学生增强对教育类网站的感性认识，为以后各种类型网站的学习与实践奠定基础。

 **项目拓展**

在前面学习的项目基础上，请大家依据网站制作流程，设计制作另一版本的南宁六职校的网站。

# 项目二　服饰网的设计与制作

 项目情境

　　张玲通过前面案例的学习完成了南宁六职校校园网的制作，通过这个案例，他已经能够掌握网页制作工具 Dreamweaver、图形图像处理工具 Photoshop、动画制作工具 Flash 及切图工具 Fireworks 的综合使用。他在威客网上见到 DUDS SUNNY 服饰有限公司悬赏 1000 元制作公司服饰网站，他和同学们决定利用所学参与这个项目的竞标。

　　项目引入

　　张玲通过 QQ 与客户交谈，客户发来如下工作任务书，该工作任务书中明确了工作任务、项目背景、项目依据和项目要求等。

## 工作任务书

JLFJ-2-02　　　　　　　　　　　　　　　编号：

| 项目名称 | DUDS SUNNY 服饰网站制作 | | |
|---|---|---|---|
| 任务来源 | DUDS SUNNY 服饰有限公司 | 起止时间 | ×年×月×日至×年×月×日 |
| 项目背景 | DUDS SUNNY 是一家品牌实体服饰店，主营男士服饰、女士服饰和运动服饰等。现在想把业务发展到互联网上，新建一个以卖服装为主的商城。 | | |
| 项目依据 | 客户提供的相关材料说明，参考淘宝等网站。 | | |
| 项目要求 | 页面设计大气、美观和方便，能够很好地展示服装效果，方便客户浏览和购买。<br>将经营的各种服装按照若干方式进行分类，以便从种类、功能和特色等不同角度向浏览者充分展示自己的商品。 | | |
| 下发部门 | ××× | 项目负责人 | ××× |
| 主管意见：<br>　客户重要，请务必准时认真完成！<br>　　　　　　　　　　签名：×××<br>　　　　　　　　　　日期：×年×月×日 | | | |

 项目实施

　　项目实施流程如图 2-1 所示。

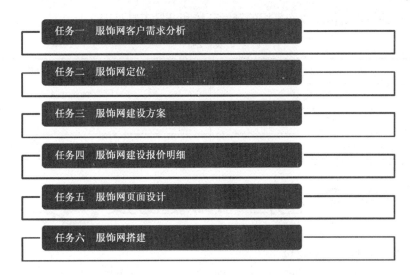

图 2-1

## 任务一 服饰网客户需求分析

目前，网络商业已经非常繁荣，电子商务网站蓬勃兴起，网上购物的人数越来越多。随着网上支付和网上银行的迅速发展，商业网的应用比例不断提高。

商品网站是一个功能复杂、花样繁多、制作烦琐的商业网站，但也是企业及个人推广和展示商品的另一种非常好的销售方法，它为客户提供了基础购物平台和后台管理、维护、商品管理、配送、结算等完全让客户自理的服务。客户可根据自身特点增加相应的支付、配送、结算和仓储管理等增强功能，实现全过程的电子商务。

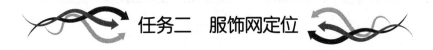

## 任务二 服饰网定位

**1. 网站的风格定位**

在商业服饰类网站的设计中，既要考虑到商业性，又要考虑到艺术性，商业网站是商业性和艺术性的结合，同时也是一个企业文化的载体，通过视觉元素，承接企业文化和企业品牌，好的网站设计有助于企业树立好的社会形象，也能比其他的传播媒体更好、更直观地展示企业的产品和服务。商业性，包括网站的功能设计、栏目设计和页面设计等。艺术性，指浏览者是否获得愉悦的视觉环境，在视觉上能否给人留下深刻印象，从而留住观众视线等。

本项目采用双栏布局，即规范、合理的布局分割。通过框架布局的选用，保持了信息密度的平衡。

**2. 网站的技术定位**

根据客户的需求分析，客户前期主要要求我们制作成前台静态页面。

根据网站的技术定位，我们采用的开发环境和开发工具见表2-1。

表 2-1

| 开发环境 | Windows 2003 server IIS |
|---|---|
| 网站效果图制作工具 | Photoshop |
| 网页制作及切图工具 | Dreamweaver /Fireworks |
| 网页动画制作工具 | Flash |

 任务三 服饰网建设方案

**1. 网站建设目标及功能定位**

建站目标：将公司的产品展示出去，客户通过网站了解并购买公司的产品。

功能定位：通过网站，详细介绍每一个商品，让浏览者了解每个商品的功能和特性。用户也可以通过此网站了解公司的组织和架构。

**2. 网站栏目划分**

根据对用户的了解，建立网站首页、女士服饰、男士服饰、运动服饰、配件饰品、特卖商品栏目。

**3. 网站建设拓扑图**（见图2-2）

图 2-2

 任务四 服饰网建设报价明细

静态页面设计报价明细见表2-2。

表 2-2

| 工作项目 | 项目要求 | 页数 | 单价/元 | 合计/元 |
|---|---|---|---|---|
| 首页 | 首页重新设计 | 1 | 300 | 300 |
| 子页 | 分页栏目设计 | 5 | 100 | 500 |
| Banner 设计 | 实现 Flash 动画 | 1 | 200 | 200 |
| 总计/元 | 1000 | | | |

**24**

## 任务五　服饰网页面设计

### 子任务一　制作 DUDS SUNNY 服饰网站首页效果图

依据网站风格定位及客户栏目设置要求，首页效果图图像文件规格设置宽度为 990 像素、高度为 1700 像素、分辨率为 72 像素/英寸。最终效果如图 2-3 所示。

图　2-3

**1. 新建文件、参考线和图层文件夹**

1）准备绘制。启动 Photoshop，执行"文件"→"新建"命令，打开"新建"对话框，新建宽为 990 像素、高为 1700 像素的文件、分辨率为 72 像素/英寸的文件，颜色模式为 RGB 颜色。

2）添加标尺和参考线，进行页面布局。执行"视图"→"菜单"→"标尺"命令，显示

**25**

标尺，参考网页版式布局图上的数据，新建参考线，将页面划分为页面顶部、页面主体和页面底部，并将页面主体又分成左、右两部分，再分为上、下两部分。

3）设置背景，选择工具栏上的"渐变工具"，设置页面背景为深黄到浅黄色的渐变。

4）创建图层组，便于分类管理。按照页面结构图，构建图层组结构如图 2-4 所示。

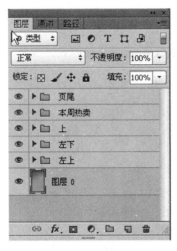

图  2-4

## 2. 制作首页 LOGO

1）打开素材中的图片"flower.psd"，并用"选择工具"把图片拉入首页中，同时把图片放入前面命名为"左上"的文件夹中。

2）调整图片大小，并选择"图像"→"调整"→"色相/饱和度"命令，把图片的颜色调整为与背景色接近。

3）输入标题文字"DUDS SUNNY"并调整大小，打开文字层的"图层样式"对话框，为文字加入发光的效果，LOGO 最终效果如图 2-5 所示。

图  2-5

## 3. 制作服饰分类栏目

1）将图片置入首页中，并调整图片透明度为"80%"。

2）输入文字"服饰分类"并复制图层，选择"编辑"→"变化"→"垂直翻转"命令，翻转文字，并对翻转的文字应用遮罩，制作渐变效果。

**26**

3）同理在"服饰分类"文字下面绘制直线，对直线应用遮罩，制作渐变效果。

4）选择"钢笔工具"，绘制如图2-6所示的路径，并把路径填充白色。

图 2-6

5）输入相应的文字，最终效果如图2-7所示。

**4. 制作好礼派送栏目**

1）选择"自定义形状工具"，选择"星爆"图案，绘制白色图形，复制并调整大小，改变颜色，结果如图2-8所示。

图 2-7

图 2-8

2）插入图片"人物.psd"并对插入人物制作倒影效果。输入"好礼派送"等文字，并对文字在"图层样式"对话框中进行描边。最终效果如图2-9所示。

**5. 制作配送范围栏目**

外部形状安装。在素材文件夹中任选一形状，解压后直接放入Photoshop安装文件夹的自定形状目录中，如Photoshop安装在D盘中，那么路径就是D:\Program Files\Adobe\Adobe Photoshop\预置\自定形状，接着选择"自定义形状工具"，在"形状"选项中载入就可以看到和使用了。

选择安装的"自定义形状工具"绘制图标，并调整相应的颜色。输入文字，最终效果如图2-10所示。

**27**

图 2-9                            图 2-10

**6. 制作导航**

1）输入文字"网页首页""女士服饰""男士服饰""运动服饰""配件饰品""特卖商品"，选择"文字"图层，在"图层样式"对话框中对文字设置外发光效果。

2）选择"直线工具"在"文字"图层下方绘制直线，并对直线应用遮罩制作渐变效果。最终如图 2-11 所示。

图 2-11

**7. 制作广告咨询栏目**

1）外部画笔载入安装。选择工具箱中的"画笔工具"，选择载入画笔，弹出对话框，选择素材文件中的"光晕.abr"画笔载入。

2）选择一种光晕笔刷，调整颜色，刷出如图 2-12 所示的光晕效果。

图 2-12

3）导入图片"建筑.jpg"，调整建筑图片的大小，并制作建筑图片的倒影效果。同时导入人物图片，调整到合适大小。

4）选择"矩形工具"，绘制矩形，选择"形状"图层，在弹出的"图层样式"对话框中设置矩形的内阴影和投影效果，设置参数如图 2-13 所示。

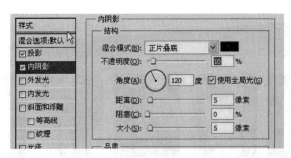

图 2-13

5）输入相应的文字，并设置文字的颜色和大小，最终效果如图 2-14 所示。

图 2-14

### 8. 制作本周特卖商品栏目

1）选择"自定义形状工具"，按前面方法载入外部形状，并绘制出如图 2-15 所示的叶子和苹果，调整形状大小和颜色。

2）按照效果图的要求导入相应的服饰图片，并调整大小，进行适当排序。最终效果如图 2-15 所示。

图 2-15

**9. 制作新商品栏目**

1）选择"钢笔工具"，绘制如图2-16所示的图形，并为图形填充渐变效果。

2）按照效果图的要求导入相应的服饰图片，并调整大小，进行适当排序。最终效果如图2-16所示。

图 2-16

**10. 制作页尾信息**

选择"矩形工具"，绘制矩形框，并填充相应的颜色，输入版权信息文字"Copyright 2007 itzcn.net Inc.ALL rights reserved.版权所有 Mailto: zhengps@126.com　热线电话：86-010-62771151"。

最终完成页尾信息的制作。

## 子任务二　完成分页女士服饰和男士服饰等栏目

分页女士服饰和男士服饰等栏目的效果如图2-17所示。

a)　　　　　　　　　　　b)　　　　　　　　　　　c)

图 2-17

至此，服饰网站的网站首页、女士服饰、男士服饰、运动服饰、配件饰品和特卖商品六个页面的效果图制作完成，张玲通过 QQ，把最终效果截图发给客户，如果竞标成功，客户满意此设计方案，张玲则可以要求客户支付款项的一半费用（即总价 1000 元中的 500 元），然后客户对效果图进行审核，并提出自己的修改意见和建议，同学们进行修改，直到双方都满意。效果图是需要通过和客户进行大量的沟通才能最终确定的，网站效果图确认书如图 2-18 所示，效果图一旦确认完毕，客户签字认可后，后期的页面制作过程中就不能够再进行更改了，否则一旦生成网页，页面效果仍旧需要更改的话，不仅会延长网站制作的时间，导致网站建设延期，而且工作量也会大大增加。

网站效果图确认书

尊敬的 DUDS SUNNY 服饰有限公司

你好！

你委托我公司设计制作的 DUDS SUNNY 服饰网站网站首页及女士服饰、男士服饰、运动服饰、配件饰品和特卖商品五个分页现已完成，如图 2-18 所示，请您予以确认验收。

图 2-18

为了能够更好地为您提供服务，请您在收到确认通知书后尽快给予我方答复，以便网站开发工作的顺利进行，我方会在收到你的确认书后进行网站的后续制作工作。

非常感谢您在网站制作过程中给予的配合和支持。

备注：效果图确认后，我方将进行网站的后续制作工作，届时网站的整体框架以及色调等将无法再另行调整，请慎重对待此确认书。

经我公司确认，同意在此效果图的基础上继续制作其他内容，特此确认！

DUDS SUNNY 服饰有限公司

2014 年 5 月 25 日

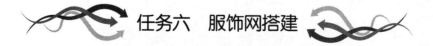

任务六　服饰网搭建

网站搭建是项目建设的最后一个环节，是依据效果图，用网页编辑工具将网站搭建成形。

进行网站搭建时，首先要利用 Fireworks 切片工具，将效果图进行切片输出。切出的图片作为网站的图片素材。切片划分如图 2-19 所示。

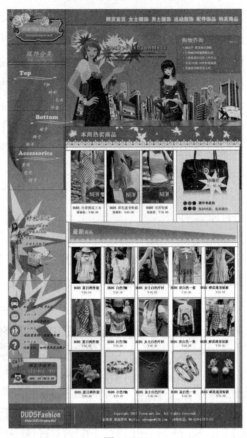

图　2-19

最后导出图片，文件夹命名为"images"，另存切片为 Fireworks PNG（*.png）格式。

## 子任务一　网站首页的制作

### 1. 创建站点并设置页面属性

1）启动 Dreamweaver，单击"站点"→"新建站点"命令，在弹出的对话框中设置"站点名称"和"本地站点文件夹"，效果如图 2-20 所示。

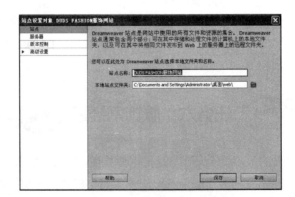

图　2-20

2）单击"确定"按钮，则在"文件"面板中显示刚才创建的站点，如图 2-21 所示。在站点根文件夹上单击鼠标右键，在弹出的快捷菜单中选择"新建文件"并重命名为"index.html"，双击新创建的文件，进入网页的编辑状态。

图 2-21

3）在编辑窗口中单击"页面属性"按钮，打开"页面属性"对话框，选择"分类"列表框中的"外观"选项，设置字体大小为"12px"，设置背景色为黄色，在上、下、左、右边距的文本框中均输入"0"，如图 2-22 所示。

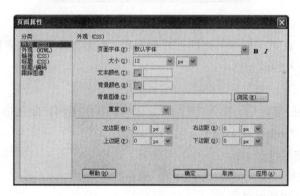

图 2-22

4）选择"标题/编码"选项，设置编码为"简体中文（GB2312）"，如图 2-23 所示；单击"确定"按钮，返回编辑窗口。

图 2-23

**33**

**2. 制作服饰和好礼派送栏目**

1)将光标置于编辑窗口中，单击"常用"工具栏中的"表格"按钮，打开"表格"对话框。插入一个 3 行 2 列的表格，设置宽度为"990 像素"，边框粗细、单元格边距和单元格间距均为"0"，具体如图 2-24 所示，此表格记为表格 1。

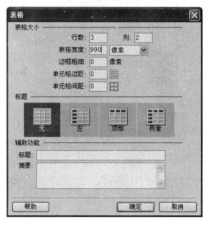

图 2-24

2）选中第一行，在第一行中再次插入 8 行 1 列、宽为 248 像素的表格。按照效果图，把切出来的图片依次插入到单元格中。

**3. 制作导航**

选中表格 1 右边的单元格，插入 7 行 1 列、宽为 100%表格，此表格记为表格 2，在表格 2 第一行中插入图片"index_r1_c4.gif"。

**4. 制作广告咨询栏目**

选中表格 2 第二行，插入图片"index_r2_c4.gif"。

**5. 制作本周热卖商品栏目**

1）选中表格 2 第三行，插入图片"index_r7_c4.gif"。

2）选中表格 2 第四行，插入 2 行 4 列、宽为 98%的表格，居中对齐。在第一行中插入四张热卖商品图片，在第二行中分别输入相关的描述信息。完成后的效果如图 2-25 所示。

图 2-25

**6. 制作最新商品栏目**

1）选中表格 2 第五行，插入图片"index_r13_c5.gif"。

2）选中表格 2 第六行，插入 6 行 5 列、宽为 98%的表格，居中对齐。分别插入相应的图片和相应的文字，完成后的效果如图 2-26 所示。

图    2-26

**7. 制作页脚版权信息栏目**

1）把光标定位在表格 1 外面，插入 1 行 2 列、宽为 990 像素的表格，此表格记为表格 3。

2）打开 Fireworks，吸取页脚版权信息的颜色为"#E77100"，把颜色值填入表格 3"属性"面板的背景颜色中，如图 2-27 所示。

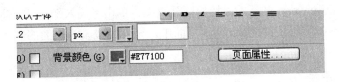

图    2-27

3）在第 1 个单元格中插入图片"index_r25_c2.gif"。

4）在第 2 个单元格中输入文字"Copyright 2007 itzcn.net Inc. ALL rights reserved.版权所有 Mailto: zhengps@126.com　热线电话：86-010-6277115"。

# 子任务二　网站分页的制作

本网站的子页在形式上套用了主页的结构，使之在风格上与主页完全统一。页面特点如下。

1）通过表格的嵌套、单元格的拆分与合并来进行网页元素的布局。

2）表单的制作。

**35**

网页制作综合实训

3）栏目背景图片的制作。

同理完成网站首页、女士服饰、男士服饰、运动服饰、配件饰品和特卖商品等栏目的制作。

## 子任务三　链接主页与子页

对主页与各子页之间进行链接，并使链接畅通。

## 子任务四　本周特卖商品横幅广告动画的制作

1）根据提供的素材，在 Photoshop 中分图层制作出如图 2-28 所示的图片。

图　2-28

2）打开 Flash，根据上学期学过的 Flash 知识制作人物图片以不同方式进入的效果，如淡入淡出、变大变小和旋转进入等效果（这个位置同学们可以自由发挥，不用做出全部一样的效果）。

3）导入扩展名为".swf"的 Flash 文件，命名为"banner.swf"。

4）打开 Dreamweaver，打开本周特卖商品页面，单击"插入"→"媒体"→"SWF"把制作成的"banner.swf"格式的 Flash 插入页面中，至此完成整个页面的制作。

项目修改评价

对制作完成的品牌服饰网站进行调试发布，在广泛征集客户意见的基础上，尽可能地按照客户的要求进行配套修改与更新，使得网站进一步完善，达到制作网站的目的。

完成服饰网站制作评分表（见图 2-29）。

项目验收

至此，服饰网站的网站首页、女士服饰、男士服饰、运动服饰、配件饰品和特卖商品六个页面的制作完成，张玲通过 QQ 把最终完成的页面传给客户。客户提出修改的意见和建议，

36

网页设计师进行修改，直到双方满意。最后客户支付尾款。

**DuDs FASHION 服饰网站制作评分表**

班级：_____ 组号：_____ 组长：_____ 组员：_____

| 任务 | 满分 | 自评<br>(20%) | 互评<br>(30%) | 师评<br>(50%) | 权重 | | 实得分 |
|---|---|---|---|---|---|---|---|
| 任务 1.1：客户需求分析 | 30 | | | | 理论 | 0.3 | |
| 任务 1.2：网站风格定位 | 20 | | | | | | |
| 任务 1.3：网站建设方案 | 20 | | | | | | |
| 任务 1.4：网站设计方案报价明细 | 30 | | | | | | |
| 任务 1.5：制作服饰网站首页效果图 | 30 | | | | | | |
| 任务 1.6：制作服饰网站分页效果图 | 20 | | | | | | |
| 任务 1.7：按首页、分页效果图制作页面 | 30 | | | | 理论+实践 | 0.6 | |
| 任务.18：征求客户意见，修改完善 | 10 | | | | | | |
| 任务 1.9：项目小结，评分 | 10 | | | | | | |
| 分析问题、解决问题的能力 | 50 | | | | 综合 | 0.1 | |
| 小组合作能力 | 50 | | | | | | |
| 合计 | 200 | | | | | | |

图 2-29

**项目小结**

1）本项目主要介绍了服饰类网站的前期准备、中期制作和网站搭建等内容，突出了商业类网站信息承载量大，功能性和服务性强的特点。

2）通过本项目的学习，在制作各栏目样式中要注意平面设计知识的灵活运用，在网站搭建过程中要注意网站表格布局的使用，并且结合脚本的使用达到在同一区域内显示不同内容的目的，同时也能利用 Iframe 技术实现在同一区域显示不同的内容。

**项目拓展**

在前面学习的项目基础上，依据网站制作流程，设计制作鲜花商业网站。

# 项目三 企业网的设计与制作

 **项目情境**

张玲同学到目前为止已经完成了两个网站的制作，通过项目一和项目二的学习和实践，已经能熟练掌握运用不同的软件完成网站的规划和制作。他把自己的成功案例发到微信的朋友圈中，通过朋友圈的转发，深圳彩秀科技有限公司的老板看上了他的设计风格，决定把自己公司的网站交由他们团队制作。

 **项目引入**

张玲通过微信与客户交谈，客户发来如下工作任务书，该工作任务书中明确了工作任务、项目背景、项目依据和项目要求等。

**工作任务书**

JLFJ-1-01                                          编号：

| 项目名称 | 深圳彩秀科技有限公司网站的设计制作 | | |
|---|---|---|---|
| 任务来源 | 深圳彩秀科技公司 | 起止时间 | ×年×月×日至×年×月×日 |
| 项目背景 | 深圳市彩秀科技有限公司主要经营网络、计算机软硬件和通信设备技术开发咨询等产品。作为经营网络和计算机软硬件的企业，我们始终坚持诚信和让利于客户，坚持用自己的服务去打动客户。 | | |
| 项目依据 | 客户提供的相关材料说明。<br>原有网站网址（http://www.caishow.com）。 | | |
| 项目要求 | 网站的设计要能树立企业形象，提高企业的竞争力，展示产品及技术优势，推销新产品，增进与客户的沟通，为消费者服务，搭建起企业与客户、企业与企业、企业与消费者之间的桥梁。 | | |
| 下发部门 | 网站设计部 | 项目负责人 | ××× |
| 主管意见：<br>客户重要，请务必准时认真完成！<br><br>签名：×××<br>日期：×年×月×日 | | | |

**项目实施**

项目实施流程如图 3-1 所示。

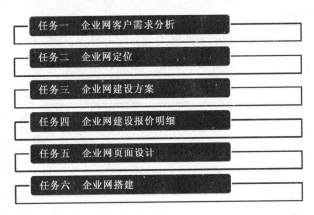

任务一　企业网客户需求分析

任务二　企业网定位

任务三　企业网建设方案

任务四　企业网建设报价明细

任务五　企业网页面设计

任务六　企业网搭建

图　3-1

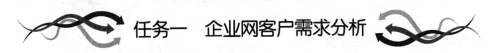

# 任务一　企业网客户需求分析

通过对深圳彩秀科技有限公司建立网站的目的及公司情况的深入了解，拟定本网站具有如下功能。

1）树立企业形象，展示并提高企业的竞争力。

2）展示产品及技术优势。

3）发布信息。

4）推销新产品。

5）提高工作效率。

6）加强客户服务。

7）增进与客户的沟通。

8）为消费者服务。

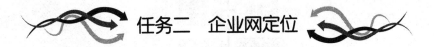

# 任务二　企业网定位

企业网站承担着树立企业形象的作用，一个制作精良和专业的网站，如同制作精美的印刷品一样，会大大刺激消费者的购买欲望，因此，独特的网站设计风格和巧妙的构思就显得很重要，本项目选定绿色为主色调，通过使用绿色、灰色及其渐变色，使整个页面色彩统一，富有层次感。除了整体的绿色以外，页面的不同栏目配以不同深浅的橙色和绿色等图片，以达到色彩的对比和平衡，避免产生单调感。

## 1. 网站的风格定位

网站页面风格颜色着重体现企业理念，给人以冷静、理智、安详和开阔的视觉感受。页面顶部以大幅 Flash 动画来表现网站站标和广告条部分，给人清新的视觉冲击力，同时，通过动画中的广告语也能让浏览者更快地了解企业。页面设计中注重了图文并茂、动静结合、清新大气，使浏览者带着愉快的心情来了解企业和企业产品。

## 2. 网站的技术定位

根据客户的需求分析，客户前期主要要求制作前台静态页面。

根据网站的技术定位，采用的开发环境和开发工具见表 3-1。

表 3-1

| 开发环境 | Windows 2003 server IIS |
|---|---|
| 网站效果图制作工具 | Photoshop |
| 网页制作及切图工具 | Dreamweaver/Fireworks |
| 网页动画制作工具 | Flash |

 任务三 企业网建设方案

### 1. 网站建设目标及功能定位

建站目标：公司个人门户制作，用户可以在网站上上传音乐、图片和视频等。

功能定位：通过网站，客户可以注册用户，然后上传音乐、图片、视频等。随着用户不断增加，接下来进行后期产品的开发。

### 2. 网站栏目划分

根据对用户的了解，建立首页、新闻、秀影、秀友圈、秀图、秀 ME 搜、无线、WAP 和秀币等栏目。

### 3. 网站建设拓扑图

网站建设拓扑图如图 3-2 所示。

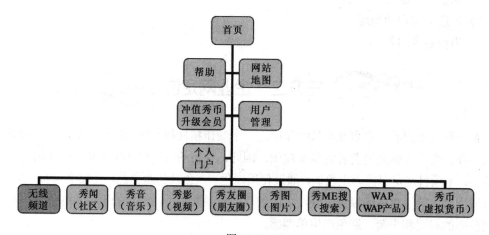

图 3-2

 任务四 企业网建设报价明细

静态页面设计报价明细见表 3-2。

表 3-2

| 工作项目 | 项目要求 | 页数 | 单价/元 | 合计/元 |
|---|---|---|---|---|
| 首页 | 首页重新设计 | 1 | 400 | 300 |
| 子页1 | 秀闻栏目设计 | 1 | 200 | 200 |
| 子页2 | 秀音栏目设计 | 1 | 200 | 200 |
| 子页3 | 秀影栏目设计 | 1 | 200 | 200 |
| 总计/元 | 1000 | | | |

 任务五　企业网页面设计

## 子任务一　制作深圳彩秀科技有限公司首页效果图

依据网站风格定位及客户栏目设置要求，首页效果图图像文件规格设置宽度为 1000 像素、高度为 2000 像素、分辨率 72 像素/英寸，最终效果如图 3-3 所示。

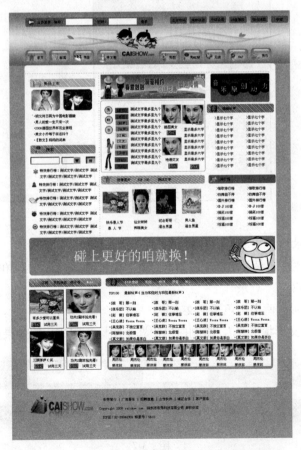

图　3-3

**41**

**1. 新建文件、参考线和图层文件夹**

1）准备绘制。启动 Photoshop，执行"文件"→"新建"命令，打开"新建"对话框，新建宽为 990 像素、高为 1700 像素的文件，分辨率为 72 像素/英寸，颜色模式为 RGB 颜色。

2）添加标尺和参考线，进行页面布局。执行"视图"→"菜单"→"标尺"命令，显示标尺，参考网页版式布局图上的数据，新建参考线，将页面划分为页面顶部、页面主体和页面底部，并将页面主体先分成左、中、右三部分，然后分成上、中、下三部分，如图 3-4 所示。

3）选择工具栏上的"渐变工具"，设置页面背景为深绿到浅绿色的渐变。

4）创建图层组，便于分类管理。按照页面结构图，构建图层组结构如图 3-5 所示。

5）框架搭建。

①选择"矩形工具"，在页面背景上绘制矩形，填充颜色为深绿到浅绿再到深绿的渐变。

②选择"矩形工具"下的"圆角矩形工具"，绘制白色的圆角矩形，完成页面框架的搭建，完成后的效果如图 3-6 所示。

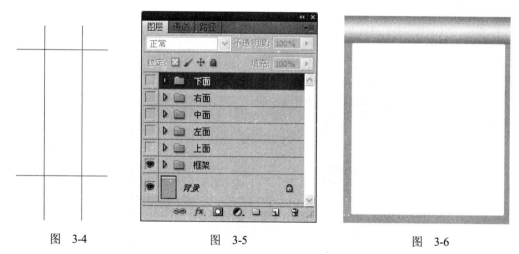

图 3-4          图 3-5          图 3-6

**2. 制作用户登录**

1）选择"圆角矩形工具"绘制颜色为 R=128、B=170、G=51 的圆角矩形，输入文字"会员登录""账号""密码""登录"。

2）绘制用户登录的两个白色矩形文本框。

3）选择"自定义形状工具"，绘制白色钥匙小图标，完成后的效果如图 3-7 所示。

图 3-7

**42**

4）制作网站 LOGO。

①打开素材文件夹中的"图标.psd"图片，把网站 LOGO 图片放入页面的中间位置。

②把树叶图片放入页面中，并调整图层不透明度为"80%"，完成后的效果如图 3-8 所示。

图　3-8

**3. 制作网站导航**

1）选择"矩形工具"中的"圆角矩形工具"，在"属性"面板中设置半径为"15 像素"，单击"图层样式"按钮，载入 Web 样式。

2）选择"绿色凝胶样式" 绘制圆角矩形，生成的图层会自带图层样式，如图 3-9 所示。

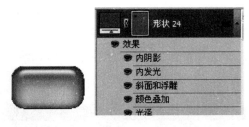

图　3-9

3）打开"图层样式"对话框，设置"内阴影""颜色叠加"等选项，如图 3-10 所示。

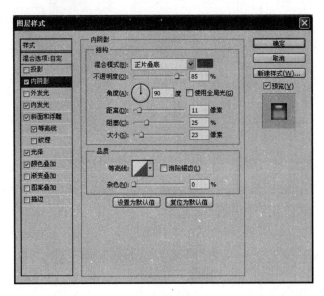

图　3-10

4）调整好颜色后栅格化图层，把形状图层转为普通图层。

5）在图层上添加矢量蒙版，将前景色设置为黑色，背景色设置为白色，选择"渐变工具"，

**43**

为图层设置遮罩效果，与页面背景融合。

　　6）按效果图插入图标，并输入文字"首页"，完成后的效果如图 3-11 所示。

图　3-11

　　7）同理完成其他导航的制作，完成后的效果如图 3-12 所示。

图　3-12

**4. 制作新品上市栏目**

　　1）选择"矩形工具"，将矩形半径设置为"5 像素"，绘制图角矩形，并栅格化该图层。

　　2）单击"文件"→"新建"命令，新建宽、高均为"8 像素"、背景为"透明"的文件，如图 3-13 所示。

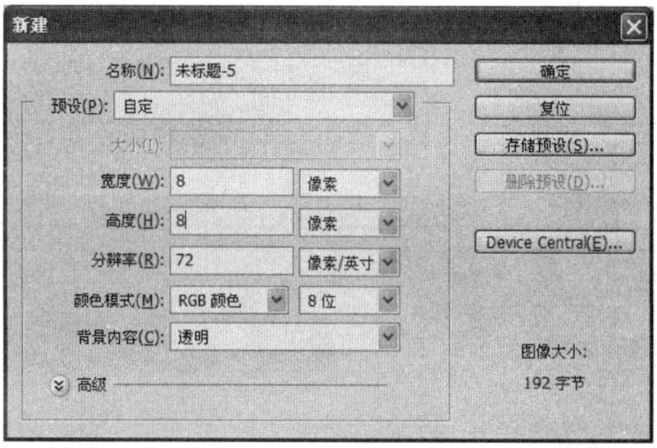

图　3-13

　　3）选择"铅笔工具"，在图层上绘制从左上角到右下角的斜线，如图 3-14 所示。

　　4）单击"编辑"→"定义图案"命令，将图案命名为"图案 1"，单击"确定"按钮，在"填充"选项中新增刚才绘制的图案。

　　5）返回首页，按住<Ctrl>键，单击刚才选中的图层，将矩形图层转换成选区，单击"编辑"→"填充"→"图案填充"命令，选中刚才定义的图案，将图案填充进选区，完成后的效果如图 3-15 所示。

　　6）插入图片，并输入相应文字，最终效果如图 3-16 所示。

**5. 制作搜索栏目**

　　1）绘制圆角矩形，填充颜色为蓝色，用上面定义的图案填充矩形，完成效果如图 3-17 所示。

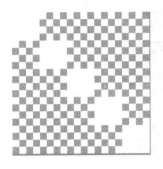

图　3-14                                    图　3-15

· 胡戈何日再为中国电影画撇小胡子

· 男人的爱一生只有一次

· 2006德国世界杯完全赛程

· 美女小乔等于林志玲？

· 【散文】妈妈的词典

图　3-16                                    图　3-17

2）绘制矩形，在"图层样式"对话框中设置矩形斜面、浮雕及描边属性，参数如图 3-18 所示。

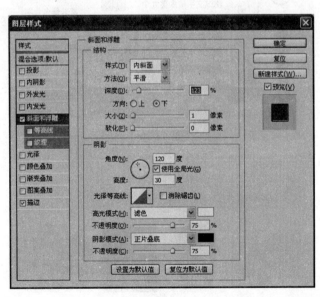

图　3-18

3）输入相应的文字（如果在做效果图时不能确定具体的文字，可以把要出现文字的地方统一设置为"测试文字"），完成后的最终效果如图 3-19 所示。

**45**

图 3-19

**6. 制作秀 ME 台栏目**

1）选择"圆角矩形"工具，将半径设置为"5 像素"，绘制白色圆角矩形，并描边为灰色。

2）插入图片并输入相应的文字，最终完成效果如图 3-20 所示。

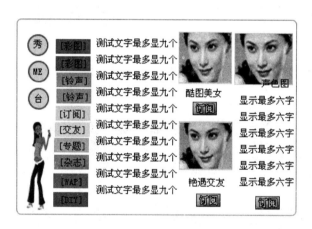

图 3-20

**7. 制作推荐图片栏目**（见图 3-21）

图 3-21

**8.** 制作音乐原创动力栏目

1）绘制半径为 2 像素的圆角矩形。

2）绘制椭圆形，按住<Alt>键，拖动鼠标，一次复制多个。输入相应的文字并调整好相应位置，完成后的效果如图 3-22 所示。

**9.** 制作酷酷铃声栏目（见图 3-23）

图　3-22

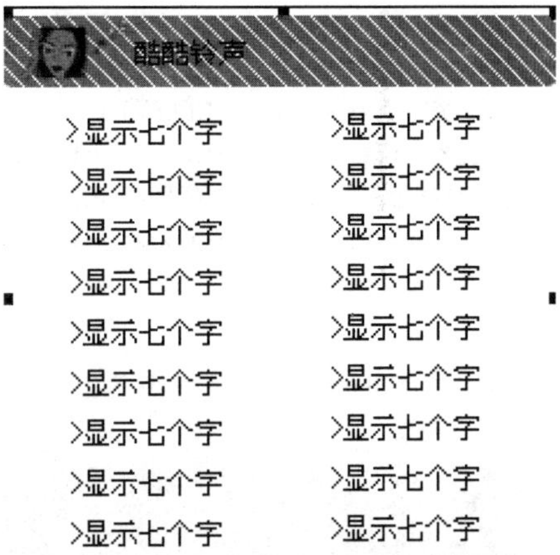

图　2-23

**10.** 制作广告条

广告条根据客户的需要，可随时更换。此处可以大概留出位置，先放一些简单的图片或是图形，制作效果。到时候根据客户提供的内容再重新处理，如果客户要求做成 Flash 动画，则可以另外收费。效果如图 3-24 所示。

图 3-24

**11.** 制作订阅栏目（见图 3-25）

图　3-25

**12. 制作铃声推荐栏目**（见图 3-26）

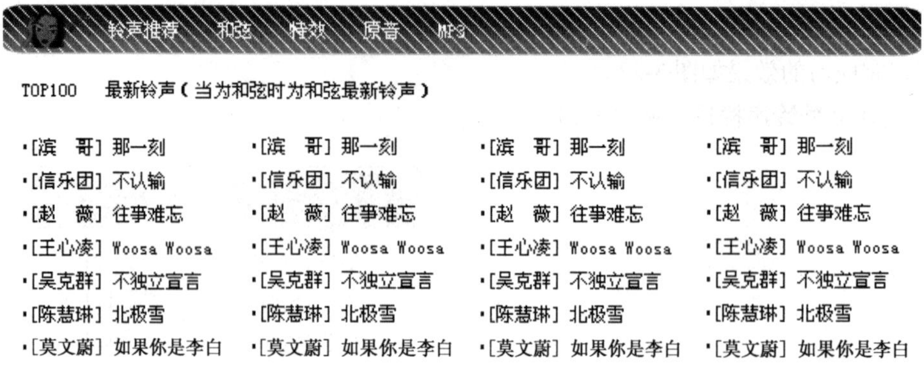

铃声推荐　和弦　特效　原音　MP3

TOP100　最新铃声（当为和弦时为和弦最新铃声）

| | | | |
|---|---|---|---|
| ·[滨　哥] 那一刻 | ·[滨　哥] 那一刻 | ·[滨　哥] 那一刻 | ·[滨　哥] 那一刻 |
| ·[信乐团] 不认输 | ·[信乐团] 不认输 | ·[信乐团] 不认输 | ·[信乐团] 不认输 |
| ·[赵　薇] 往事难忘 | ·[赵　薇] 往事难忘 | ·[赵　薇] 往事难忘 | ·[赵　薇] 往事难忘 |
| ·[王心凌] Woosa Woosa | ·[王心凌] Woosa Woosa | ·[王心凌] Woosa Woosa | ·[王心凌] Woosa Woosa |
| ·[吴克群] 不独立宣言 | ·[吴克群] 不独立宣言 | ·[吴克群] 不独立宣言 | ·[吴克群] 不独立宣言 |
| ·[陈慧琳] 北极雪 | ·[陈慧琳] 北极雪 | ·[陈慧琳] 北极雪 | ·[陈慧琳] 北极雪 |
| ·[莫文蔚] 如果你是李白 | ·[莫文蔚] 如果你是李白 | ·[莫文蔚] 如果你是李白 | ·[莫文蔚] 如果你是李白 |

图　3-26

**13. 制作页脚版权信息**（见图 3-27）

CAISHOW.com　彩秀简介 ｜ 广告服务 ｜ 招聘信息 ｜ 合作伙伴 ｜ 诚征合作 ｜ 客户服务
Copyright 2005 caishow.com　深圳市彩秀科技有限公司 版权所有
ICP证：B2-20040359　特服号：6610

图　3-27

至此，整个网站的首页效果图已经制作完成，由于此网站是企业门户网站，当中涉及内容较多，而且首页的设计效果和分页有区别。网站效果图确认书如下所示。

### 网站效果图确认书

尊敬的深圳市彩秀科技有限公司：

你好！

你委托我公司设计制作的深圳市彩秀科技有限公司首页效果图现已完成，如图 3-28 所示，请您予以确认验收。

为了能够更好地为您提供服务，请您在收到确认通知书后尽快给予我方答复，以便网站开发工作的顺利进行，我方会在收到你的确认书后进行网站的后续制作工作。

非常感谢您在网站制作过程中给予的配合和支持。

备注：效果图确认后，我方将进行网站的后续制作工作，届时网站的整体框架以及色调等将无法再另行调整，请慎重对待此确认书。

经我公司确认，同意在此效果图的基础上继续制作其他内容，特此确认！

深圳市彩秀科技有限公司

2014 年 5 月 25 日

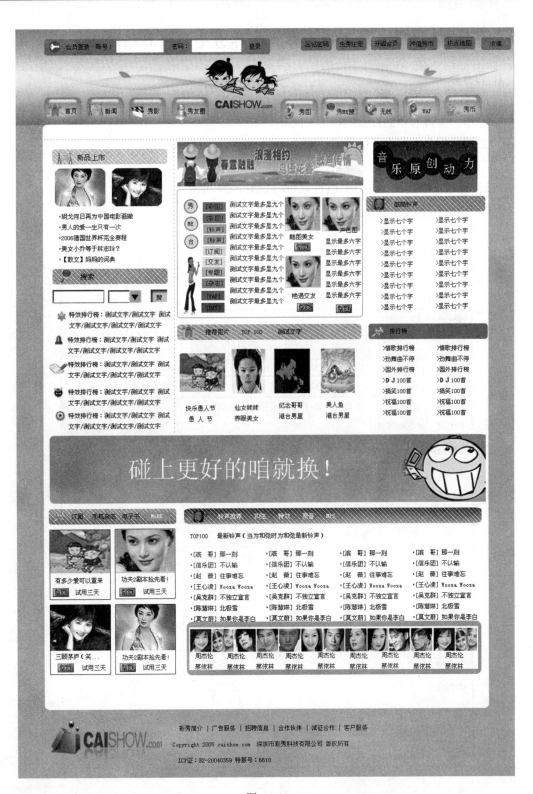

图 3-28

## 子任务二 在首页的基础上制作秀音和秀影频道效果图

### 1. 秀音频道

（1）频道承载的主要功能

1）用户上传音乐到自己的音乐空间。

2）用户用音乐制作手机铃声或图铃。

3）用户可以创建自己的专辑。

（2）频道页面建议 秀音频道首页布局如图 3-29 所示。

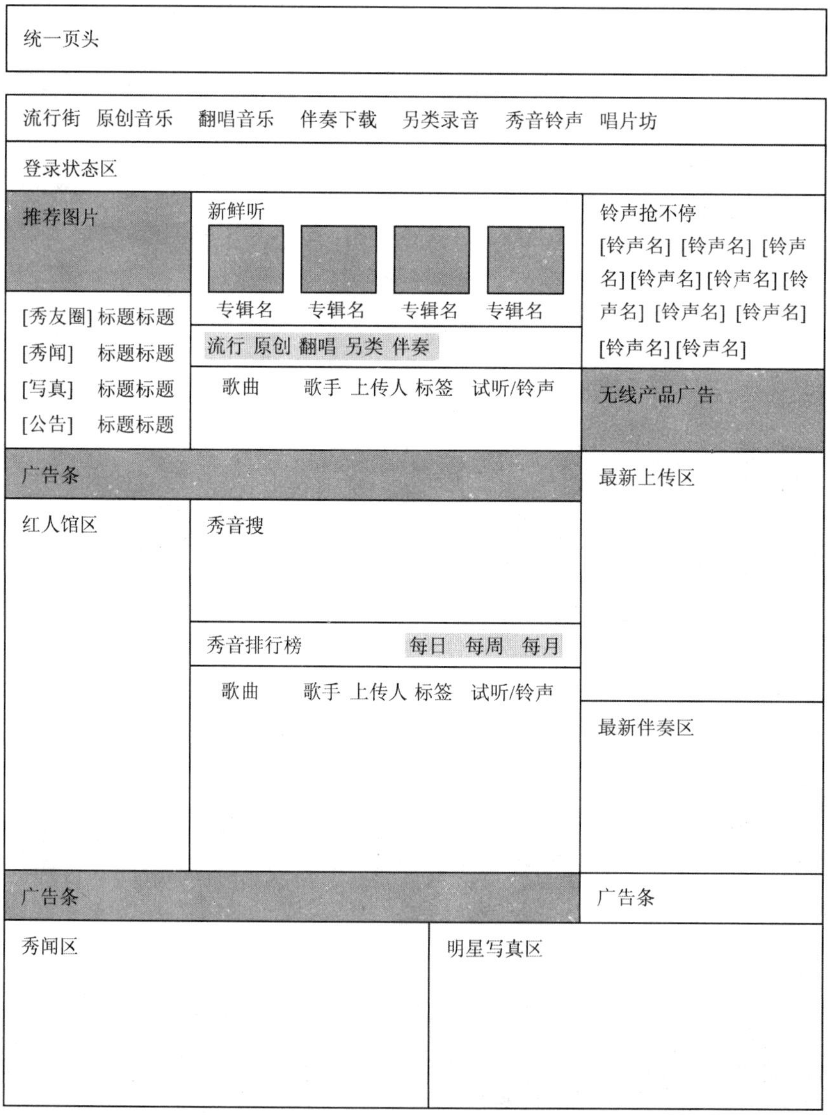

| 统一页头 | | |
|---|---|---|
| 流行街 原创音乐 翻唱音乐 伴奏下载 另类录音 秀音铃声 唱片坊 | | |
| 登录状态区 | | |
| 推荐图片 | 新鲜听 [专辑名][专辑名][专辑名][专辑名] | 铃声抢不停 [铃声名] [铃声名] [铃声名] [铃声名] [铃声名] [铃声名] [铃声名] [铃声名] [铃声名] [铃声名] [铃声名] |
| [秀友圈] 标题标题 [秀闻] 标题标题 [写真] 标题标题 [公告] 标题标题 | 流行 原创 翻唱 另类 伴奏 歌曲 歌手 上传人 标签 试听/铃声 | 无线产品广告 |
| 广告条 | | 最新上传区 |
| 红人馆区 | 秀音搜 秀音排行榜 每日 每周 每月 歌曲 歌手 上传人 标签 试听/铃声 | 最新伴奏区 |
| 广告条 | | 广告条 |
| 秀闻区 | 明星写真区 | |

图 3-29

（3）秀音频道设计 效果图制作如图 3-30 所示。

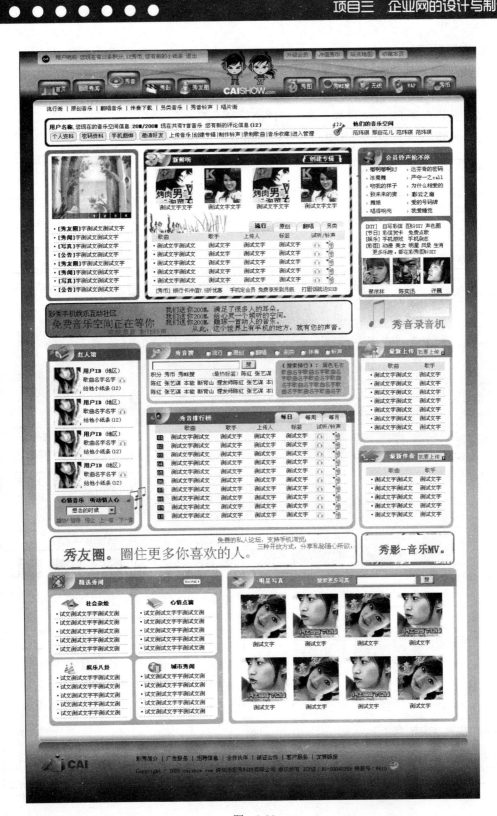

图　3-30

**2. 秀影频道**

（1）频道承载的主要功能

1）用户可以上传视频和 Flash 文件到自己的视频空间。

2）允许视频/Flash 文件被其他用户评论。

（2）频道页面建议　秀影频道首页布局如图 3-31 所示。

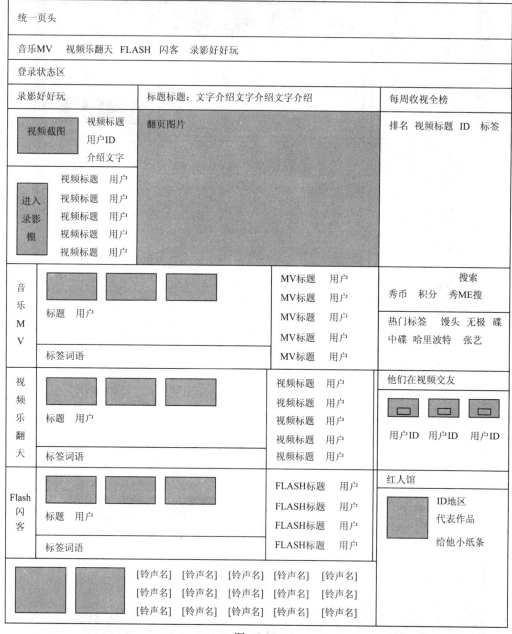

图　3-31

（3）秀影频道设计　效果图制作如图 3-32 所示。

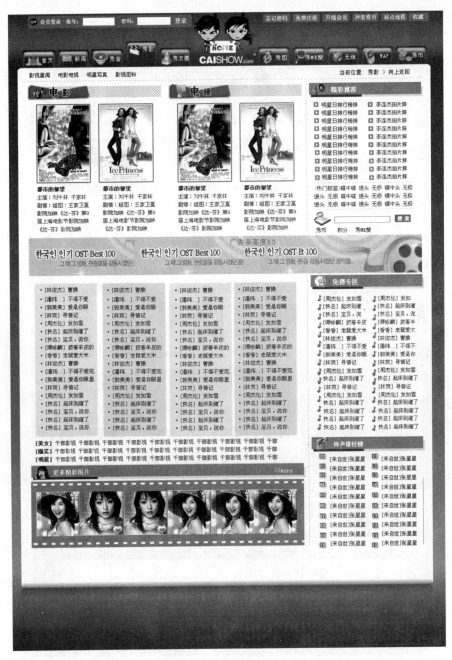

图 3-32

## 任务六 企业网搭建

网站搭建是项目建设的最后一个环节，依据网站效果图，把网站用网页编辑工具搭建成形。

进行网站搭建时，首先要利用 Fireworks 切片工具，将效果图进行切片输出。切出的图片作为网站的图片素材。切片划分如图 3-33 所示。

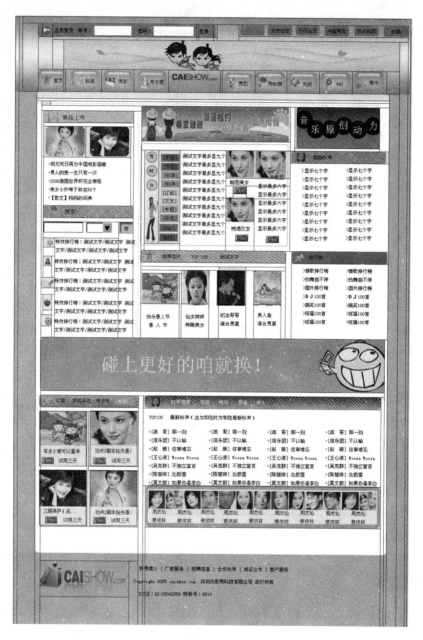

图　3-33

最后导出图片，文件夹命名为"images"，另存切片为 Fireworks PNG（*.png）格式。

## 子任务一　网站首页的制作

### 1. 创建站点并设置页面属性

1）启动 Dreamweaver，单击"站点"→"新建站点"命令，在弹出的对话框中设置站点名称和本地站点文件夹，如图 3-34 所示。

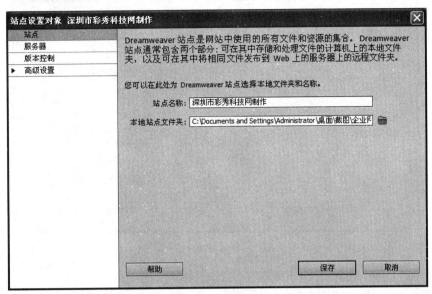

图　3-34

2）单击"确定"按钮，则在"文件"面板中显示刚才创建的站点。在站点根文件夹上单击鼠标右键，在弹出的快捷菜单中选择"新建文件"命令并重命名为"index.html"。双击新创建的文件，进入其网页的编辑状态。

3）在编辑窗口中单击"页面属性"按钮，打开"页面属性"对话框，选择"分类"列表框中的"外观"选项，设置字体大小为"13"像素，在上、下、左、右边距文本框中均输入"0"像素，如图 3-35 所示。

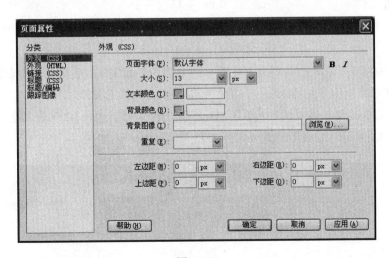

图　3-35

4）选择"标题/编码"选项，设置编码为"简体中文（GB2312）"；单击"确定"按钮，返回编辑窗口，如图 3-36 所示。

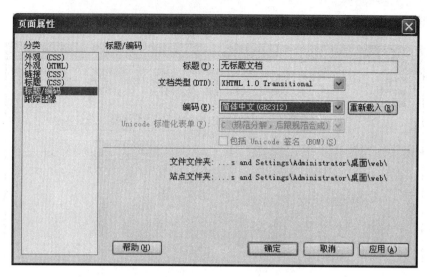

图 3-36

**2. 制作网站的 LOGO 动画和导航**

1）插入 1 行 1 列、宽为 1000 像素的表格，选中单元格，切换到拆分视图，在 td 标签下输入 background="images/index_r1_c1.gif"，将图片以背景方式填入表格中，如图 3-37 所示。

图 3-37

2）插入 3 行 1 列、宽为 95% 的表格并记为表格 1，在页面属性面板中设置垂直方向为顶端对齐。

3）拆分表格 1 的第一行为两列，在第 1 列中插入 1 行 3 列的表格并记为表格 2，在表格 2 的第一列和第三列中分别插入图片，第二列以背景方式插入图片。

4）在表格 2 的第二列中插入表单，然后插入 1 行 6 列、宽为 100% 的表格，插入相应的文字、图片和文本框，完成后的效果如图 3-38 所示。

图 3-38

5）选中表格第二行，插入 LOGO 图片，居中对齐。

6）选中表格第三行，插入 1 行 10 列、宽 98% 表格，居中对齐，在单元格中分别插入相应的导航图片，完成后的效果如图 3-39 所示。

图 3-39

### 3. 搭建中间部分框架

1）把光标定位在表格 1 后面，插入 1 行 1 列、宽为 1000 像素的表格，背景色填充为"#97CD41"，此表格记为表格 3。

2）在表格 3 中插入 3 行 1 列、宽为 849 像素的表格，此表格记为表格 4，在表格 4 的第一行插入图片"jiao1.gif"，在第三行中插入"jiao2.gif"，把第二行的颜色设置为白色，完成框架的搭建，效果如图 3-40 所示。

图 3-40

### 4. 制作新品上市栏目

1）在表格 4 第二行中再次插入 2 行 3 列、宽为 98% 的表格，记为表格 5，把第一列宽设置为 250 像素，第二列宽设为 395 像素，剩余的给第三列。

2）在表格 5 中，插入 3 行 1 列表格，在表格第一行插入导航图片。

3）拆分第二行为 1 行 2 列，分别插入两张广告图片。

4）在第三行从素材文件夹中插入相应的文字。

5）新建行高样式。单击"CSS 样式"面板的"新建 CSS 规则"按钮，弹出"新建 CSS 规则"对话框，定义选择器名称为"line"，定义规则的位置为"新建样式表文件"，如图 3-41 所示。

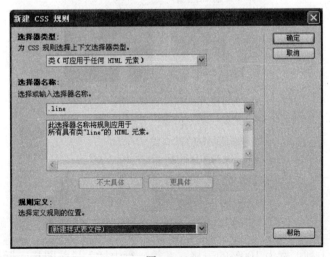

图 3-41

**57**

6) 新建 CSS 规则，将样式的行高设置为"22"像素，如图 3-42 所示。

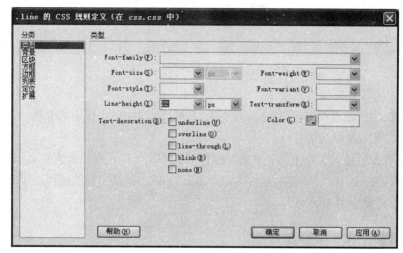

图 3-42

7) 选中文字，把 line 样式应用到文字中，如图 3-43 所示。

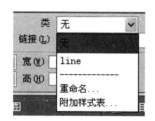

图 3-43

最终完成新品上市栏目，效果如图 3-44 所示。

图 3-44

**5. 制作搜索栏目**

1) 插入 3 行 1 列、宽为 100%的表格，在第一行中插入导航图片，拆分第二行为 1 行 3

列，分别加入文本框、下拉列表框和搜索图片，结果如图 3-45 所示。

2）在第三行中插入 10 行 2 列的表格，分别插入相应图片和文字，对文字应用前面定义的 line 样式。全部完成后的效果如图 3-46 所示。

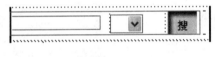

图 3-45　　　　　　　　　　　　图 3-46

### 6. 制作秀 ME 台栏目

1）选择表格 3 第二列，插入 3 行 1 列、宽为 95%的表格，在第一行中插入广告图片。

2）选择第二行，插入 1 行 5 列、宽为 100%的表格，分别插入相应的图片和文字，完成后的效果如图 3-47 所示。

图 3-47

**7.** 制作推荐图片栏目（见图 3-48）

图 3-48

**8.** 制作音乐原创动力栏目（见图 3-49）

图 3-49

**9.** 制作酷酷铃声栏目（见图 3-50）

**10.** 制作排行榜栏目（见图 3-51）

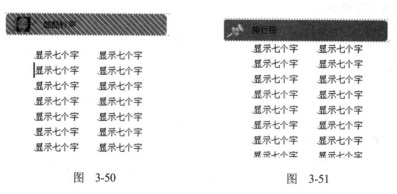

图 3-50                      图 3-51

**11.** 制作订阅栏目

1）选中表格 3 第二行，插入广告图片如图 3-52 所示。

图 3-52

2）选中表格 3 第三行，拆分单元格为 1 行 2 列，在第一列中插入 2 行 1 列的表格，分别插入相应的图片，完成后的效果如图 3-53 所示。

图　3-53

## 12. 制作铃声推荐栏目（见图3-54）

图　3-54

## 13. 制作图片展示栏目（见图3-55）

图　3-55

## 14. 制作页脚版权信息（见图3-56）

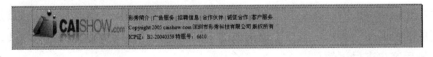

图　3-56

# 子任务二　网站子页的制作

在首页的基础上完成网站子页的制作。

**61**

## 子任务三　链接主页与子页

对主页与各子页之间进行链接，并使链接畅通。

### 项目修改评价

对制作完成的深圳彩秀科技有限公司网站进行调试发布,在广泛征集客户意见的基础上,尽可能地按照客户的要求进行配套修改与更新,使网站进一步完善,达到制作网站的目的。

完成深圳彩秀科技发展有限公司网站建设评分表,如图3-57所示。

**深圳彩秀科技有限公司网站制作评分表**

班级: _____　组号: _____　组长: _____　组员: _____

| 任务 | 满分 | 自评<br>(20%) | 互评<br>(30%) | 师评<br>(50%) | 权重 | | 实得分 |
|---|---|---|---|---|---|---|---|
| 任务1.1: 客户需求分析 | 30 | | | | 理论 | 0.3 | |
| 任务1.2: 网站风格定位 | 20 | | | | | | |
| 任务1.3: 网站建设方案 | 20 | | | | | | |
| 任务1.4: 网站设计方案报价明细 | 30 | | | | | | |
| 任务1.5: 制作企业网站首页效果图 | 30 | | | | | | |
| 任务1.6: 制作企业网站分页效果图 | 20 | | | | 理论+实践 | 0.6 | |
| 任务1.7: 按首页、分页效果图制作页面 | 30 | | | | | | |
| 任务1.8: 征求客户意见, 修改完善 | 10 | | | | | | |
| 任务1.9: 项目小结, 评分 | 10 | | | | | | |
| 分析问题、解决问题的能力 | 50 | | | | 综合 | 0.1 | |
| 小组合作能力 | 50 | | | | | | |
| 合计 | 200 | | | | | | |

图　3-57

### 项目验收

至此,企业网站的网站首页和三个子页(秀音、秀影和秀图)制作完成。张玲通过 QQ 把最终完成的页面传给客户。客户提出修改的意见和建议,由网页设计师进行修改,直到双方满意。最后客户支付尾款。

### 项目小结

1)本项目主要介绍了企业类网站的前期准备、中期制作和网站搭建等内容。通过本项目的学习，使学生增强了对企业类网站的认知，为以后胜任企业类网站的设计与制作奠定了基础。

2）通过前面几个项目的学习，同学们对网站建设过程已经有了全面的认识和理解，故本项目由同学们自主完成。

## 项目拓展

由于该网站是企业门户网站，目前在课堂上只完成了首页及三个分页的设计制作，后面还有秀友圈、秀图、秀 ME 搜、无线、WAP 和秀币等栏目的二级分页和三级分页的制作，大家可以在前面学习的项目基础上，进行设计制作。

# 项目四　赛务网的设计与制作

 **项目情境**

　　张玲同学到目前已经完成了三个网站制作，通过前面的学习和实践，已经能熟练掌握运用不同的软件完成网站的规划和制作。第45届世界体操锦标赛即将在南宁举行，南宁市政府决定建设一个南宁体操世锦赛网站，他在网上看到政府的征集启事后，将自己以往的作品和对这次世锦赛网站建设的想法发给了市政府，市政府的相关领导看到之后非常满意，决定把这次赛务网站交由他们团队制作。

**项目引入**

　　张玲通过网络和电话等方式与客户交谈，客户发来如下工作任务书，该工作任务书中明确了工作任务、项目背景、项目依据和项目要求等。

工作任务书

JLFJ-1-01　　　　　　　　　　　　　　　　　　　　　　　　　　　　　　编号：

| 项目名称 | 第45届南宁体操世锦赛网站的设计制作 | | |
|---|---|---|---|
| 任务来源 | 南宁市政府 | 起止时间 | ×年×月×日至×年×月×日 |
| 项目背景 | 2014年南宁世界体操锦标赛，暨第45届世界体操锦标赛于2014年10月3日至12日在广西南宁举行，广西体育中心体育馆是体操世锦赛的主比赛馆，这是中国继1999年天津世界体操锦标赛之后，第二次承办体操世锦赛。为了让更多的网民了解这次体育盛事，南宁市政府决定建设一个南宁体操世锦赛网站，具体的栏目和要求查看附件需求文档。 | | |
| 项目依据 | 1. 客户提供的相关材料说明。<br>2. 参考其他比赛类网站。 | | |
| 项目要求 | 根据客户需求对页面进行设计，主要的栏目和模块不能少，要求页面设计风格美观、大气，符合赛务网站的特点。 | | |
| 下发部门 | 网站设计部 | 项目负责人 | ××× |
| 主管意见<br>　　客户重要，请务必准时认真完成！<br><br>　　　　　　　　　　　　　　　　签名：×××<br>　　　　　　　　　　　　　　　　日期：×年×月×日 | | | |

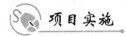

项目实施

项目实施流程如图 4-1 所示。

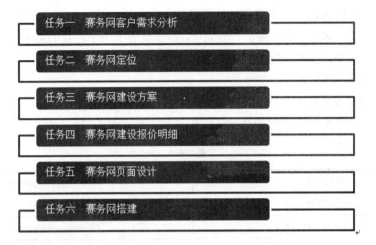

任务一 赛务网客户需求分析

任务二 赛务网定位

任务三 赛务网建设方案

任务四 赛务网建设报价明细

任务五 赛务网页面设计

任务六 赛务网搭建

图 4-1

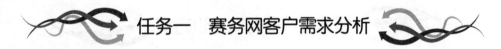

## 任务一 赛务网客户需求分析

通过对赛务服务网站建站目的及客户对网站的特殊要求，拟定本网站具有如下需求。

1）宣传体操健身常识和体操项目等，增强全民体操意识，促进体操市场的规范化和专业化，立足打造最为专业、时尚且项目最全的南宁体操世锦赛网站。

2）适时发布最新比赛赛场和比赛图片等信息，为体操爱好者提供最佳服务。

3）客户对网站界面色彩、网页图案、版式和特效等方面提出了特定要求。

4）网站上要设有论坛栏目，用户可以对体操知识和体操健身方式等进行评论，也可以讨论看完比赛后的感受，这对网站的改进和更新很有帮助。

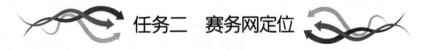

## 任务二 赛务网定位

赛务网承担着向广大群众介绍本次比赛所有信息的作用，既要表现南宁特色，又要展示现代体操运动敢于拼搏、勇于创新的价值取向和文化形象，寓意第 45 届世界体操锦标赛承前启后、乘势而上，在新的历史时期创造佳绩，实现新跨越。因此南宁世锦赛网站选定主色调为橙黄色，因为橙黄色看起来比较温暖、清新并且专业，很适合于体育类网站。页面的整体色彩是通过调整主色调的饱和度和透明度来产生不同视觉效果的橙黄色，这样的页面看起来色彩统一，有层次感。

网站中除了采用橙黄色系外，还和对比色紫色搭配，使该网站在专业的基础上又多了几分时尚，再恰当地配上一些蓝色，使该网站又增添了几分宁静、祥和。

### 1. 页面风格设计

南宁世锦赛网站采用的是"同"字排版形式，即最上面是网站的站标以及横幅广告条，接下来就是网站的主要内容，中间是主要部分，最下面是网站的一些基本信息、联系方式和版权声明等。这种版式的优点是页面结构清晰、主次分明、信息量大，但弱点是规矩呆板，针对这个弱点，该网站在细节上做了一些处理，如在页面中每个栏目的造型设计都各有千秋，颜色搭配也别具一格，使整个网页显得非常时尚，没有一点呆板的痕迹。

### 2. 网站的技术定位

根据客户的需求分析，前期主要要求制作成前台静态页面。

根据网站的技术定位，采用的开发环境和开发工具见表4-1。

表 4-1

| 开发环境 | Windows Server 2003 IIS |
|---|---|
| 网站效果图制作工具 | Photoshop |
| 网页制作及切图工具 | Dreamweaver/Fireworks |
| 网页动画制作工具 | Flash |

 任务三　赛务网建设方案 

### 1. 网站建设目标及功能定位

建站目标：制作赛务服务网站。

功能定位：通过网站，客户可以注册用户，然后对体操知识和体操健身方式等进行评论，也可以讨论看完比赛后的感受。

### 2. 网站栏目划分

根据对用户的了解，特建立首页、新闻中心、图片、赛程赛事、奖牌榜、组委会和走进南宁栏目。

### 3. 网站建设拓扑图（见图4-2）

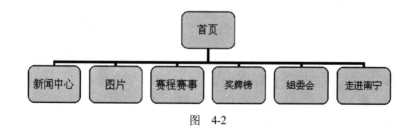

图 4-2

 任务四　赛务网建设报价明细 

静态页面设计报价明细见表4-2。

表 4-2

| 工作项目 | 项目要求 | 页数 | 单价/元 | 合计/元 |
|---|---|---|---|---|
| 首页 | 首页设计 | 1 | 600 | 600 |
| 子页 | 子页设计 | 6 | 100 | 600 |
| Banner 设计 | 实现 Flash 动画 | 1 | 200 | 200 |
| 总计/元 | 1200 | | | |

 任务五 赛务网页面设计

### 子任务一 制作南宁世锦赛网站首页效果图

依据网站风格定位及客户栏目设置要求，首页效果图图像文件规格设置宽度为 1366 像素、高度为 2600 像素、分辨率为 72 像素/英寸。

最终效果如图 4-3 所示。

图 4-3

**1. 新建文件、参考线和图层文件夹**

1）准备绘制。启动 Photoshop，执行"文件"→"新建"命令，打开"新建"对话框，新建宽为"1366 像素"、高为"2600 像素"的文件，设置分辨率为"72 像素/英寸"，颜色模式为"RGB 颜色"，如图 4-4 所示。

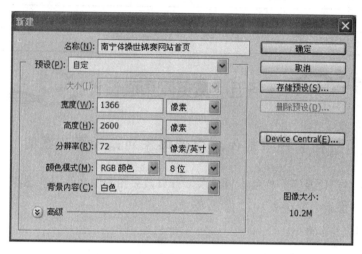

图 4-4

2）添加标尺和参考线，进行页面布局。执行"视图"→"菜单"→"标尺"命令，显示标尺，参考网页版式布局图上的数据，新建参考线，将页面划分为页面顶部、页面主体和页面底部，并将页面主体又分成左、右两部分，再分为上、中、下三部分，如图 4-5 所示。

3）选择工具栏上的"渐变工具"，设置页面背景为橙黄色到白色的渐变。

4）创建图层组，便于分类管理。按照页面结构，构建图层组结构如图 4-6 所示。

**2. 搭建框架**

选择"矩形工具"，在页面背景上绘制矩形，填充颜色为白色。效果如图 4-7 所示。

图 4-5

图 4-6

图 4-7

**68**

**3. 制作网站 LOGO**

1）打开素材文件夹中的"用到的图片.psd"图片，把网站背景图片放入页面的中间位置，并调整不透明度为"85%"。

2）把世锦赛标志放入背景左上角，并输入标题文字，完成后的效果如图 4-8 所示。

3）给文字设置图层样式，如图 4-9 所示。完成后的效果如图 4-10 所示。

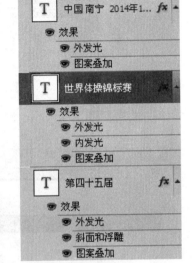

图 4-8                                      图 4-9

图 4-10

**4. 制作网站导航**

1）选择"矩形工具"，在"属性"面板中设置高度为"40 像素"、宽度为"1000 像素"，在 LOGO 下绘制矩形，并填充由橙色到黄色再到淡绿色的渐变，如图 4-11 所示。

图 4-11

2）输入导航栏文字，并用竖线隔开，再给竖线设置样式，如图 4-12 所示。

3）完成后的效果如图 4-13 所示。

**5. 制作奖牌榜栏目**

1）选择"矩形工具"，绘制高度为 50 像素、宽度为 300 像素的矩形，并填充橙色。

2）在素材中插入背景图片，并设置不透明度为"45%"，如图 4-14 所示。

**69**

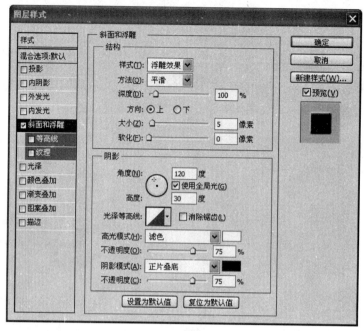

图 4-12

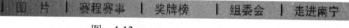

图 4-13

图 4-14

3）将奖牌图片放置在左侧，并输入文字，如图 4-15 所示。

图 4-15

4）绘制一个高度为 40 像素、宽度为 300 像素的矩形，填充淡橙色，并输入文字，如图 4-16 所示。

图 4-16

5）将相应的图片和文字放置在对应的位置，如图 4-17 所示。

图　4-17

**6. 制作公告栏**

1）选择"矩形工具"，绘制高度为50像素、宽度为300像素的矩形，并填充为蓝色。

2）在素材中插入背景图像，并设置不透明度为"51%"，如图4-18所示。

3）插入图标，并输入文字，如图4-19所示。

图　4-18

图　4-19

4）绘制一个宽度为300像素、高度为150像素的矩形，并填充为灰色，在左侧使用"画笔工具"绘制三个红色的圆点作为项目符号，如图4-20所示。

5）输入相应的文字（如果在做效果图时不能确定具体的文字，可以把要出现文字的地方统一设置为"测试文字"），完成后的最终效果如图4-21所示。

图　4-20 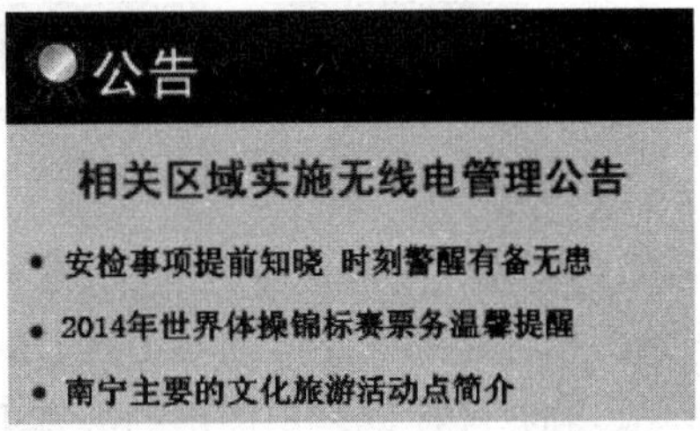　　　　　　　　　　图　4-21

**7. 制作精彩活动栏目**

1）在素材中插入栏目背景图片，并输入文字，如图4-22所示。

图 4-22

2）插入图片并对齐，设置水平居中分布，效果如图4-23所示。

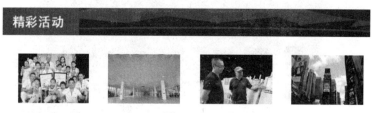

图 4-23

3）在图片下方输入相应的文字并对齐，然后设置水平居中分布，如图4-24所示。

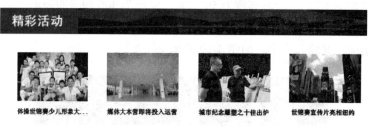

图 4-24

4）用相同的方法完成第二排的图片和文字，如图4-25所示。

图 4-25

**8. 制作 Banner**

广告条根据客户的需要可随时更换。此处可以大概留出位置，先放一些简单的图片或图形制作效果。到时候根据客户提供的内容再重新处理，如果客户要求做成 Flash 动画，则可以另外收费。

1）绘制一个宽度为 1000 像素、高度为 150 像素的矩形，左侧填充蓝色，右侧填充黄色，如图 4-26 所示。

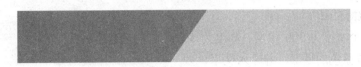

图　4-26

2）使用“自定义形状工具”绘制一片绿色的树叶，在左侧输入白色文字，完成后的效果如图 4-27 所示。

第45届世界体操锦标赛

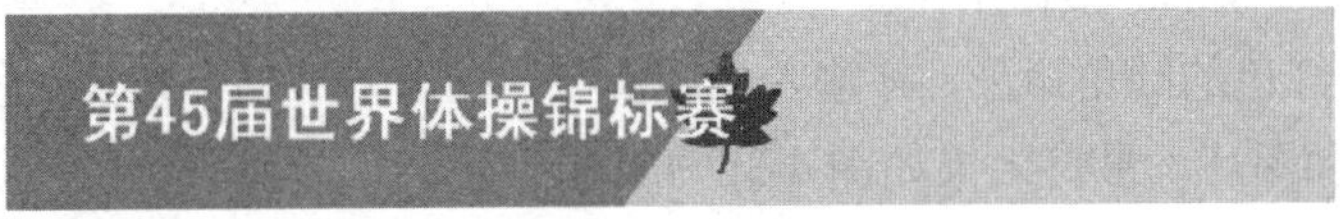

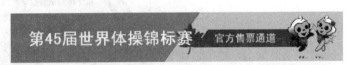

图　4-27

3）在右侧绘制一个绿色的平行四边形，并输入黄色文字，然后插入吉祥物图片，如图 4-28 所示。

第45届世界体操锦标赛
官方售票通道

图　4-28

**9. 制作场馆展示、赛场图库和南宁欢迎您等栏目**

用与精彩活动栏目同样的制作方法完成场馆展示、赛场图库和南宁欢迎您栏目，如图 4-29 所示。

场馆展示
赛场图库
南宁欢迎您

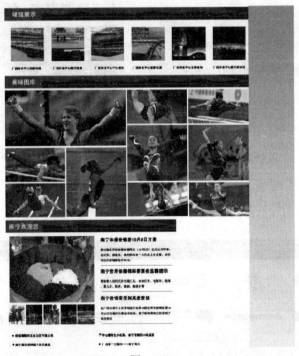

图　4-29

**10. 制作微博栏目**

1）绘制一个宽度为 300 像素、高度为 50 像素，颜色为浅蓝色的矩形，并输入文字，效果如图 4-30 所示。

图 4-30

2）绘制一个浅灰色的边框，可用"钢笔工具"绘制一条矩形路径，然后为其描边即可得到一个边框。在框中左上角放置世锦赛标志，并输入相应的文字，如图 4-31 所示。

3）绘制一个红色的圆角矩形，并输入相应文字，在下方绘制一条浅灰色的水平线，然后输入相应的文字和图片，最终效果如图 4-32 所示。

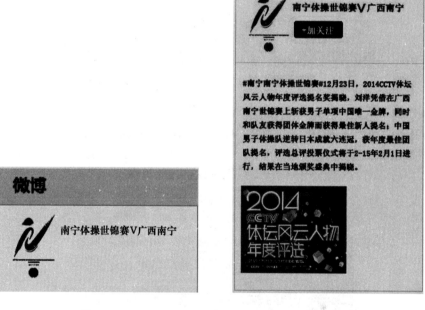

图 4-31

图 4-32

**11. 制作合作伙伴栏目**

参考前面精彩活动栏目的制作方法，效果如图 4-33 所示。

图 4-33

**12. 制作页脚版权信息**

绘制一条水平线，并输入相应的版权信息文字，设置居中对齐，效果如图4-34所示。

第四十五届世界体操锦标赛组织委员会
copyright 45th FIG ARTISTIC GYMNASTICS WORLD CHAMPIONSHIPS, NANNING 2014
2014南宁体操世锦赛官方网站由猫扑网承建运营

图　4-34

至此，整个网站的首页效果图已经制作完成，网站效果图确认书如下所示。

**网站效果图确认书**

尊敬的南宁市人民政府：

　　你委托我公司设计制作的第 45 届南宁世界体操锦标赛网站首页效果图现已完成，如图 4-35 所示，请您予以确认验收。

图　4-35

　　为了能够更好地为您提供服务，请您在收到确认通知书后尽快给予我方答复，以便网站开发工作的顺利进行，我方会在收到你的确认书后进行网站的后续制作工作。

非常感谢您在网站制作过程中给予的配合和支持。

备注：效果图确认后，我方将进行网站的后续制作工作，届时网站的整体框架以及色调等将无法再另行调整，请慎重对待此确认书。

南宁市人民政府的回复函：

经确认，同意在此效果图的基础上继续制作其他内容，特此确认！

南宁市人民政府<br>2014 年 5 月 25 日

## 子任务二　在首页的基础上制作图片子页和奖牌榜子页效果图

**1. 图片子页**

（1）承载的主要功能　用户可在此页面欣赏南宁体操世锦赛最新、最热的图文信息。

（2）图片子页布局

| |
|---|
| 统一页头 |
| 导航栏 |
| 当前位置 |
| 大图新闻 |
| 最新图片 |
| 赛场图片 |
| 版权信息 |

（3）制作图片子页设计效果图　最终效果如图 4-36 所示。

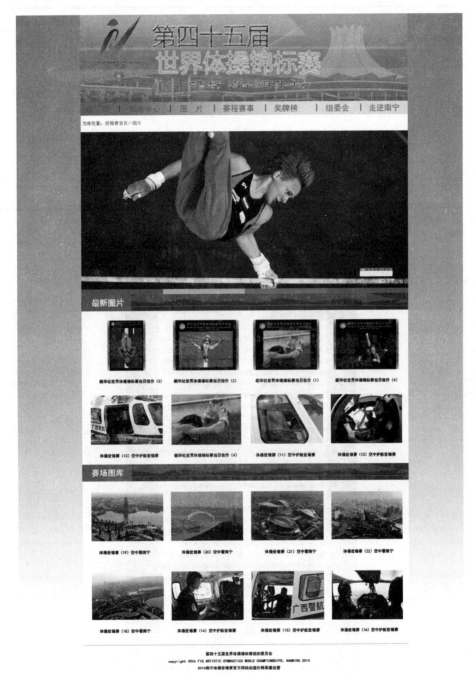

图　4-36

## 2. 奖牌榜子页

（1）承载的主要功能　用户可在此页面了解最新的各国奖牌信息。

（2）奖牌榜子页布局

| 统一页头 |
|---|
| 导航栏 |
| 当前位置 |
| 奖版榜 |
|  |
| 版权信息 |
|  |

（3）制作奖牌榜子页设计效果图　最终效果如图 4-37 所示。

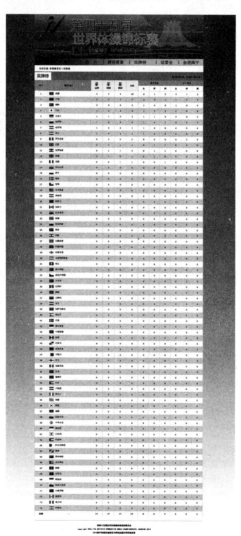

图　4-37

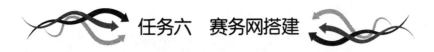

## 任务六 赛务网搭建

网站搭建是项目建设的最后一个环节，依据网站效果图，把网站用网页编辑工具搭建成形。

进行网站搭建时，首先要利用 Fireworks 切片工具，将效果图进行切片输出。切出的图片作为网站的图片素材。切片划分如图 4-38 所示。

图 4-38

最后导出图片，文件夹命名为"images"，另存切片为 Fireworks PNG(*.png)格式。

### 子任务一 网站首页的制作

**1. 创建站点并设置页面属性**

1）启动 Dreamweaver，单击"站点"→"新建站点"命令，在弹出的对话框中设置"站点名称"和"本地站点文件夹",如图 4-39 所示。

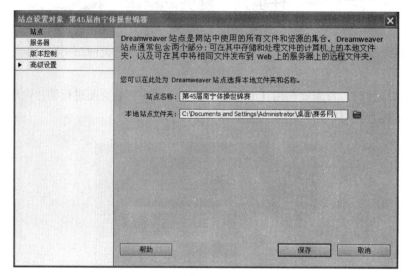

图 4-39

2）单击"确定"按钮,则在"文件"面板中显示刚才创建的站点。在站点根文件夹上单击鼠标右键,在弹出的快捷菜单中选择"新建文件"命令并重命名为"index.html"。双击新创建的文件,进入其网页的编辑状态。

3）在编辑窗口中单击"页面属性"按钮,打开"页面属性"对话框,选择"分类"列表框中的"外观"选项,设置字体大小为"12"像素,设置背景图像,并在上、下、左、右边距文本框中均输入"0"像素,如图 4-40 所示。

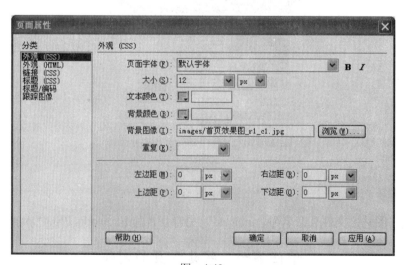

图 4-40

4）选择"标题/编码"选项,设置编码为"简体中文(GB2312)";单击"确定"按钮,返回编辑窗口,如图 4-41 所示。

图　4-41

## 2. 制作网站 LOGO 和导航

1）插入 1 行 1 列、宽为 1000 像素的表格，填充、间距、边框均设为 0，居中对齐（注意：如果以后没有特殊要求，插入表格时均按此设置）将鼠标置入单元格中，插入图片如图 4-42 所示。

图　4-42

2）插入 1 行 13 列、宽为 1000 像素的表格，并切换到代码视图，在 table 标签中输入代码<background="images/首页效果图_r2_c3.jpg">，设置背景图像。输入文字和分割线后的效果如图 4-43 所示。

图　4-43

## 3. 搭建中间部分框架

把光标定位在导航栏后面，插入 6 行 1 列、宽为 1000 像素的表格，表格背景色填充为白色。完成后的效果如图 4-44 所示。

图　4-44

#### 4. 制作奖牌榜栏目

1）在第一行中插入 2 行 2 列表格，宽度为 100%，并调整左侧单元格宽度为 300 像素。

2）在第一行第一列中插入 3 行 1 列表格，宽度为 100%，在第一行中插入标题图像，第二行设置背景颜色为浅橙色，插入 1 行 6 列表格，并输入文字。在第三行中插入 3 行 6 列表格，从素材文件夹中插入相应的图片和文字，最终效果如图 4-45 所示。

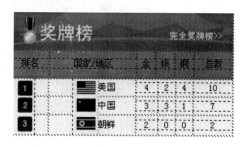

图　4-45

#### 5. 制作公告栏目

1）在第二行第一列插入 2 行 1 列、宽为 100% 的表格，在第一行中插入标题图片，结果如图 4-46 所示。

2）在第二行中插入 4 行 2 列表格，背景色设为浅灰色，分别插入相应的图片和文字并设置样式，全部完成后的效果如图 4-47 所示。

图　4-46

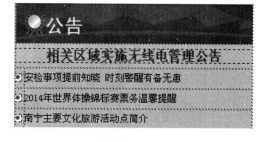

图　4-47

#### 6. 制作精彩活动栏目

1）将右侧两行合并单元格，插入 2 行 1 列表格，在第一行中插入标题图片。

2）选择第二行，插入 4 行 4 列的表格，然后分别插入相应的图片和文字，完成后的效果如图 4-48 所示。

图　4-48

### 7. 制作 Banner 栏目

在第二行中插入 Banner 图片。效果如图 4-49 所示。

图 4-49

### 8. 制作场馆展示和赛场图库栏目

用与精彩活动栏目相同的方法在第三行和第四行完成场馆展示和赛场图库栏目的制作，最终效果如图 4-50 和图 4-51 所示。

图 4-50

图 4-51

### 9. 制作南宁欢迎您栏目

1）在第五行中插入 1 行 2 列表格，将右侧单元格宽度设置为 300 像素。

2）在左侧单元格中插入 2 行 1 列表格，在第一行中插入标题图片。

3）在第二行中插入 2 行 2 列表格，拆分第一行左侧单元格并插入相应图片，在第一行右侧单元格输入相应的文字，第二行输入相应文字和图片，最终效果如图 4-52 所示。

### 10. 制作微博栏目

1）设置 CSS 样式表，设置"边框"选项为实线、1 像素、灰色。给单元格设置边框，如图 4-53 所示。

2）分别插入相应的文字和图片，完成后的效果如图 4-54 所示。

图 4-52

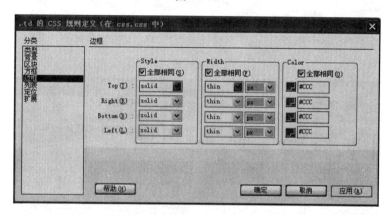

图 4-53

图 4-54

**11. 制作合作伙伴栏目**

完成合作伙伴栏目的制作，最终效果如图 4-55 所示。

合作伙伴
中建五局
东风风行
南宁百货
华润置地
金源集团
KINGSWEALTH GROUP
Coca-Cola

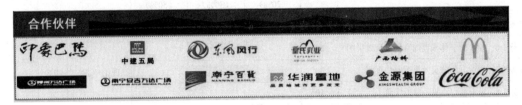

图 4-55

**12. 制作页脚版权信息**

最终效果如图 4-56 所示。

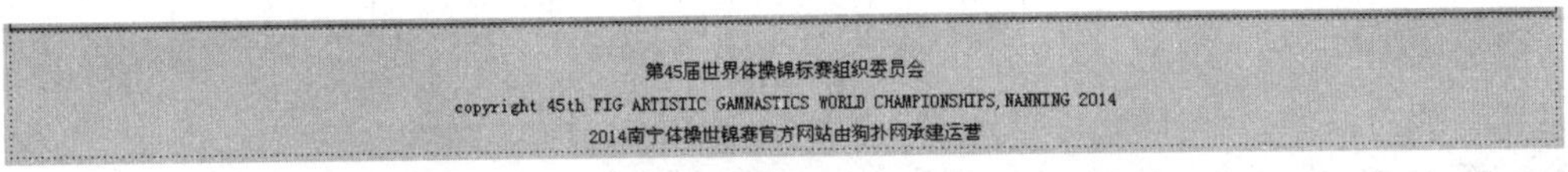

第45届世界体操锦标赛组织委员会
copyright 45th FIG ARTISTIC GAMNASTICS WORLD CHAMPIONSHIPS,NANNING 2014
2014南宁体操世锦赛官方网站由狗扑网承建运营

图 4-56

## 子任务二 网站子页的制作

在首页的基础上完成网站子页的制作。

## 子任务三 链接主页与子页

对主页与各子页之间进行链接，并使链接畅通。

## 项目修改评价

对制作完成的南宁体操世锦赛网站进行调试发布，在广泛征集客户意见的基础上，尽可能地按照客户的要求进行配套修改与更新，使得网站进一步完善，以达到制作网站的目的。

完成如图 4-57 所示的南宁世锦赛官网制作评分表。

**南宁世锦赛官网制作评分表**

班级：________ 组号：________ 组长：________ 组员：________

| 任务 | 满分 | 自评（20%） | 互评（30%） | 师评（50%） | 权重 | | 实得分 |
|---|---|---|---|---|---|---|---|
| 任务 1.1：客户需求分析 | 30 | | | | 理论 | 0.3 | |
| 任务 1.2：网站风格定位 | 20 | | | | | | |
| 任务 1.3：网站建设方案 | 20 | | | | | | |
| 任务 1.4：网站设计方案报价明细 | 30 | | | | | | |

（续）

| 任务 | 满分 | 自评<br>(20%) | 互评<br>(30%) | 师评<br>(50%) | 权重 | | 实得分 |
|---|---|---|---|---|---|---|---|
| 任务 1.5：制作南宁体操世锦赛网首页效果图 | 30 | | | | 理论+实践 | 0.6 | |
| 任务 1.6：制作南宁体操世锦赛网分页效果图 | 20 | | | | | | |
| 任务 1.7：按首页、分页效果图制作页面 | 30 | | | | | | |
| 任务 1.8：征求客户意见，修改完善 | 10 | | | | | | |
| 任务 1.9：项目小结，评分 | 10 | | | | | | |
| 分析问题、解决问题的能力 | 50 | | | | 综合 | 0.1 | |
| 小组合作能力 | 50 | | | | | | |
| 合计 | 200 | | | | | | |

图 4-57

 **项目验收**

至此，赛务网站的首页和两个子页（图片和奖牌榜）制作完成。张玲通过 QQ 把最终完成的页面传给客户。客户提出修改的意见和建议，网页设计师进行修改，直到双方满意。最后客户支付尾款。

 **项目小结**

1）本项目主要介绍了赛务类网站的前期准备、中期制作和网站搭建等内容，突出了赛务类网站为运动员和体操爱好者提供服务及资源共享的特点。

2）通过本项目的学习，对网站制作的前期准备工作应有一个深刻的认识，明确客户需求分析、网站风格定位及网站建设方案的制定方法。同时应使学生增强对赛务类网站的感性认识，为以后各种类型网站的学习与实践奠定基础。

 **项目拓展**

由于该网站是赛务网站首页，目前在课堂上只完成了首页及两个分页的设计制作，后面还有新闻中心、赛程赛事、组委会和走进南宁等栏目的二级分页和三级分页的制作，大家可以在前面学习的项目基础上，进行设计制作。

# 项目五　旅游网的设计与制作

 **项目情境**

　　张玲同学到目前已经完成了四个网站的制作。通过前四个项目的学习和实践，已经能熟练掌握运用不同的软件完成网站的规划和制作。广西壮族自治区是一个美丽的地方，旅游资源丰富。但是目前网络上并没有一个专业的旅游网站，自治区旅游局针对目前网络发展迅速的需求，需要创建一个广西旅游网站，张玲通过竞标，获得了这个项目。

**项目引入**

　　张玲通过网络和电话等方式与客户交谈，客户发来如下工作任务书，该工作任务书中明确了工作任务、项目背景、项目依据和项目要求等。

工作任务书

JLFJ-1-01　　　　　　　　　　　　　　　　　　　　　　　　编号：

| 项目名称 | 广西旅游网网站制作 | | |
|---|---|---|---|
| 任务来源 | 市场部 | 起止时间 | ×年×月×日至×年×月×日 |
| 项目背景 | 广西壮族自治区是一个美丽的地方，旅游资源丰富。但是目前网络上并没有一个专业的旅游网站，自治区旅游局针对目前网络发展迅速的需求，需要创建一个广西旅游网站，具体的栏目和要求查看附件需求文档。 | | |
| 项目依据 | 1. 客户提供的相关材料说明。<br>2. 借鉴其他地方的旅游网站。 | | |
| 项目要求 | 创建一个旅游网站，主要的栏目和模块不能少，页面设计风格简洁、大气，符合旅游网站的特点。 | | |
| 下发部门 | 网站设计部 | 项目负责人 | ××× |
| 主管意见：<br>　客户重要，请务必准时认真完成！<br>　　　　　　　　　　　签名：×××<br>　　　　　　　　　　　日期：×年×月×日 | | | |

**项目实施**

项目实施流程如图 5-1 所示。

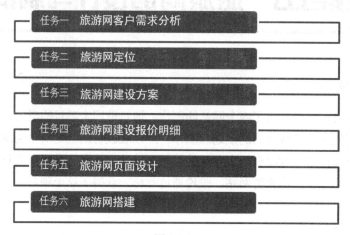

任务一　旅游网客户需求分析

任务二　旅游网定位

任务三　旅游网建设方案

任务四　旅游网建设报价明细

任务五　旅游网页面设计

任务六　旅游网搭建

图　5-1

 **任务一　旅游网客户需求分析**

　　旅游行业网站是互联网技术在传统行业的应用之一，目前网络已成为旅游行业一种至关重要的推广模式，旅游景点利用网站介绍旅游资源，旅行社通过网站发布旅游资讯和在线销售旅游产品，游客在社区交流平台上分享各自的旅游心得等。本项目以旅游休闲类网站中的旅游服务类网站为例，系统介绍了广西旅游网站设计制作的基本方法和工作过程。

　　广西旅游局主要提出了下面几点要求。

　　1）宣传广西壮族自治区的锦绣景区、民俗风情和广西美食等，提高广西壮族自治区旅游业在国内外的知名度。

　　2）适时发布广西精品旅游线路和酒店推荐等信息，为旅游者提供最佳服务。

　　3）在网上适时发布旅游游记，通过真实的旅游者的体会，吸引国内外的游客，为广西壮族自治区的旅游业发展做出一份贡献。

　　4）网站上要设有联系我们等栏目或子页，用户可以对旅游线路等内容进行评论，也可以讨论自己的旅游感受，这对网站的改进和更新很有帮助。

 **任务二　旅游网定位**

　　广西旅游网是以广西壮族自治区为目的地的旅游出行网站，为广西各地的游客提供由广西出发至全国乃至全世界的旅游度假、机票预订、酒店预订、旅游租车、商务会议及签证办理的服务，同时也可以为游客提供广西地区的旅游线路行程安排以及酒店、餐饮、票务、租车、签证等服务。因此广西旅游网站选定主色调为橙色和绿色，绿色所传递的是清爽、理想、

希望和生长，较符合旅游服务业。绿色与人类息息相关，是自然之色，代表了生命与希望，也充满着青春与活力。绿色在黄色和蓝色之间，属于较中庸的颜色，是和平色，偏向自然美、宁静、生机勃勃和宽容，可与多种颜色搭配而达到和谐的效果。橙色具有淡雅、清新、浪漫和高贵的特性，它也是最具凉爽和清新特征的色彩。网站中采用橙色、绿色和白色的搭配使页面看起来非常干净，能体现柔顺淡雅和浪漫的气氛，使人可以长时间驻留其间，也不会觉得疲劳。

**1. 页面风格创意设计**

广西旅游网站采用的是"T"形排版，这是网页设计中常用的一种布局方式。该网站最上面是网站的站标以及横幅广告条，接下来就是网站的主要内容，左面为几个主要栏目，右面显示主要内容，左右一起罗列到底，最下面是网站的一些基本信息、联系方式和版权声明等。这种版式的优点是页面结构清晰、主次分明、信息量大；弱点是规矩呆板，如果细节色彩上不注意，很容易让人"看之无味"。针对这个弱点，该网站在细节上做了一些处理，如页面栏目的造型别具一格，并在栏目中适当地添加动画效果，使整个页面显得更加生动和活泼。

**2. 网站的技术定位**

根据客户的需求分析，客户前期主要要求制作成动态页面，有后台数据库，能实现用户注册和登录。

根据网站的技术定位，采用的开发环境和开发工具见下表 5-1。

表　5-1

| 开发环境 | Windows Server 2003 IIS |
| --- | --- |
| 网站效果图制作工具 | Photoshop |
| 数据库制作工具 | Access |
| 网页制作及切图工具 | Dreamweaver/Fireworks/AWS v3.2 |
| 网页动画制作工具 | Flash |

 任务三　旅游网建设方案

**1. 网站建设目标及功能定位**

建站目标：制作旅游服务网站，旅行社通过网站发布旅游资讯和在线旅游产品销售，游客在社区交流平台上分享各自的旅游心得等。

功能定位：通过网站，用户可以对旅游线路等进行评论，也可以讨论自己旅游的感受。

**2. 网站栏目划分**

根据对用户的了解，特建立首页、广西旅游、国内旅游、出境旅游和自助旅游栏目。

**89**

**3. 网站建设拓扑图**（见图 5-2）

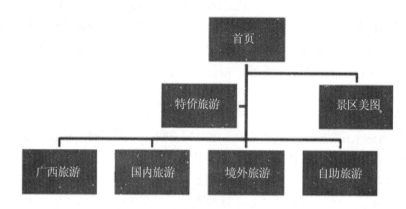

图 5-2

 **任务四　旅游网建设报价明细**

静态页面设计报价明细见表 5-2。

表　5-2

| 工作项目 | 项目要求 | 页数 | 单价/元 | 合计/元 |
|---|---|---|---|---|
| 首页 | 首页设计 | 1 | 600 | 600 |
| 子页 | 子页设计 | 4 | 100 | 400 |
| 注册页 | 注册栏目设计 | 1 | 200 | 200 |
| 后台 | 实现注册和登录 | | 300 | 300 |
| 总计/元 | | 1500 | | |

 **任务五　旅游网页面设计**

### 子任务一　制作广西旅游网首页效果图

依据网站风格定位及客户栏目设置要求，首页效果图图像文件设置宽度为 1366 像素、高度为 2800 像素、分辨率为 72 像素/英寸。

最终效果如图 5-3 所示。

图 5-3

**1. 新建文件、参考线和图层文件夹**

1）准备绘制。启动 Photoshop，执行"文件"→"新建命令"，打开"新建"对话框，新建宽为"1366 像素"、高为"2800 像素"的文件，设置分辨率为"72 像素/英寸"，颜色模式为"RGB 颜色"。具体如图 5-4 所示。

图 5-4

2）添加标尺和参考线，进行页面布局。执行"视图"→"菜单"→"标尺命令"，显示标尺，参考网页版式布局图上的数据，新建参考线，将页面划分为页面顶部、页面主体和页面底部，并将页面主体又分成左、右两部分，再分为上、中、下三部分，如图5-5所示。

3）选择工具栏上的"渐变工具"，设置页面背景为橙黄色到白色的渐变。

4）创建图层组，便于分类管理。按照页面结构，构建图层组结构如图5-6所示。

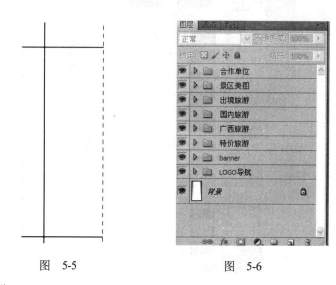

图 5-5          图 5-6

### 2. 搭建框架

选择"矩形工具"，在页面背景上绘制矩形，填充颜色为白色。

### 3. 制作网站 LOGO

1）在页面顶部中间绘制一个宽度为1000像素、高度2800像素的白色矩形，打开素材文件夹中的"用到的图片.psd"图片，把旅游局提供的LOGO插入页面左上角，在右侧输入文字，并设置样式如图5-7所示。

2）完成后的效果如图5-8所示。

图 5-7

图 5-8

3）输入相应文字，再绘制一个橙色圆角矩形边框，在右侧填充颜色，并输入文字。

4）在搜索栏右侧制作用户登录框，完成后的效果如图5-9所示。

图　5-9

## 4. 制作网站导航

选择"矩形工具"，在"属性"面板中设置高度为"50 像素"、宽度为"1000 像素"，在 LOGO 下绘制矩形，并填充橙色，输入相应的文字和分割线，最终效果如图 5-10 所示。

图　5-10

## 5. 制作 Banner

将图片放置在相应的位置，并输入文字，设置文字图层的样式，如图 5-11 和图 5-12 所示。

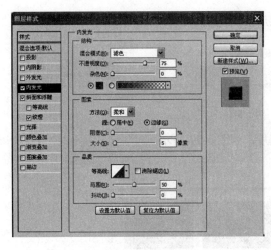

图　5-11

图　5-12

完成后的效果如图 5-13 所示。

图　5-13

**93**

**6. 制作客户满意度栏目**

绘制一个灰色的矩形边框，在框中的相应位置输入文字，并绘制水平线，完成后的效果如图 5-14 所示。

图　5-14

**7. 制作特价旅游栏目**

1）绘制一个橙色的圆形，在圆中绘制一个白色的手，合并图层，用来做栏目的标志。如图 5-15 所示。

2）在右侧输入文字，并绘制一条橙色的矩形条，完成后的效果如图 5-16 所示。

图　5-15　　　　　　　　　　　　　　　　　图　5-16

3）绘制一个浅灰色的矩形边框，并配上图片，如图 5-17 所示。

图　5-17

4）使用"多边形套索工具"绘制一个多边形并填充红色，输入文字，最终效果如图 5-18 所示。

图　5-18

### 8. 制作广西旅游栏目

1）用相同的方法完成广西旅游栏目标题的制作，如图 5-19 所示。

图　5-19

2）在广西旅游栏目下，绘制一个灰色的矩形框，中间用竖线分成左右两栏，在左侧栏中绘制一个浅蓝色的矩形，输入文字，如图 5-20 所示。

图　5-20

3）完成广西旅游栏目下的其他内容，并排列整齐，最终效果如图 5-21 所示。

图　5-21

### 9. 制作国内旅游、出境旅游和景区美图等栏目

用同样的方法完成国内旅游、出境旅游和景区美图等栏目，最终效果如图 5-22～图 5-24 所示。

图　5-22

图 5-23

图 5-24

## 10. 制作合作单位栏目

插入相应的图片，并排列整齐，如图 5-25 所示。

图 5-25

## 11. 制作页脚版权信息

绘制一条水平线，并输入相应的版权信息文字，设置居中对齐，效果如图 5-26 所示。

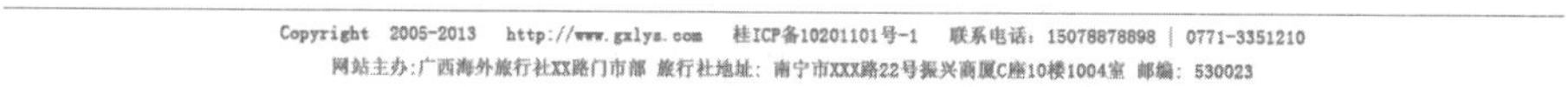

Copyright 2005-2013 http://www.gxlys.com 桂ICP备10201101号-1 联系电话：15078878898 | 0771-3351210
网站主办：广西海外旅行社XX路门市部 旅行社地址：南宁市XXX路22号振兴商厦C座10楼1004室 邮箱： 530023

图 5-26

至此，整个网站的首页效果图已经制作完成，网站效果图确认书如下所示。

### 网站效果图确认书

尊敬的广西壮族自治区旅游局：

你委托我公司设计制作的如图 5-27 所示的广西旅游网网站首页效果图现已完成，请您予以确认验收。

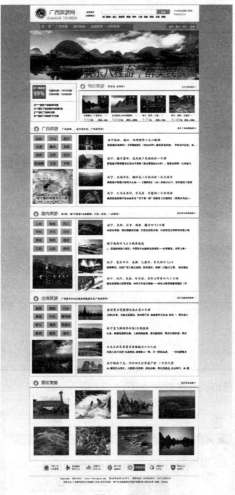

图　5-27

为了能够更好地为您提供服务，请您在收到确认通知书后尽快给予我方答复，以便网站开发工作的顺利进行，我方会在收到确认书后进行网站的后续制作工作。

非常感谢您在网站制作过程中给予的配合和支持。

备注：效果图确认后，我方将进行网站的后续制作工作，届时网站的整体框架以及色调等将无法再另行调整，请慎重对待此确认书。

广西壮族自治区旅游局的回复函：

经确认，同意在此效果图的基础上继续制作其他内容，特此确认！

广西壮族自治区旅游局<br>2014 年 7 月 25 日

## 子任务二　制作广西旅游、国内旅游和新用户注册子页效果图

### 1. 广西旅游子页

（1）承载的主要功能。用户可在此页面了解广西区内最新、最热的旅游信息。

（2）广西旅游子页布局

| 统一页头 |
|---|
| 导航栏 |
| 当前位置 |
| 广西旅游栏目 |
| 合作单位 |
| 版权信息 |

（3）广西旅游子页设计　最终效果如图 5-28 所示。

图　5-28

## 2. 国内旅游子页

（1）承载的主要功能。用户可在此页面了解国内最新、最热的旅游信息。

（2）国内旅游子页布局

| 统一页头 |
| --- |
| 导航栏 |
| 当前位置 |
| 国内旅游栏目 |
| 合作单位 |
| 版权信息 |

（3）国内旅游子页设计  最终效果如图 5-29 所示。

图  5-29

**3. 新用户注册子页**

（1）承载的主要功能。用户可在此页面完成用户注册。

（2）新用户注册子页布局

| 统一页头 |
| --- |
| 导航栏 |
| 当前位置 |
| 新用户注册栏目 |
| 合作单位 |
| 版权信息 |

（3）新用户注册子页设计　最终效果如图 5-30 所示。

图　5-30

## 任务六　旅游网搭建

　　网站搭建是项目建设的最后一个环节，是依据网站效果图，用网页编辑工具搭建成形。

　　进行网站搭建时，首先要利用 Fireworks 切片工具，将效果图进行切片输出。切出的图片作为网站的图片素材。切片划分如图 5-31 所示。

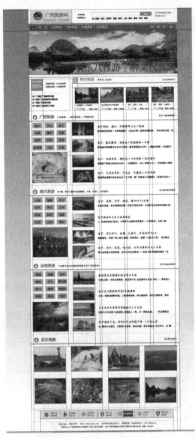

图 5-31

最后导出图片，文件夹命名为"images"，另存切片为 Fireworks PNG(*.png)格式。

## 子任务一 网站数据库的制作

1）运行 Access 2003，新建数据库"user.mdb"，如图 5-32 所示。

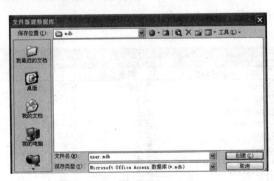

图 5-32

2）完成后进入数据库窗口。

3）选择"使用设计器创建表"选项，设置数据表的"字段名称"和"数据类型"，如图 5-33 所示。

**101**

图 5-33

4）按照用户注册页面效果图中的用户信息添加数据，如图 5-34 所示。

| 字段名称 | 数据类型 | |
|---|---|---|
| number | 自动编号 | 序号 |
| username | 文本 | 用户名 |
| password | 文本 | 密码 |
| truename | 文本 | 真实姓名 |
| sex | 文本 | 性别 |
| age | 数字 | 年龄 |
| address | 文本 | 所在地 |
| question | 文本 | 密保问题 |
| answer | 文本 | 答案 |
| interest | 文本 | 兴趣爱好 |
| remark | 文本 | 备注 |

图 5-34

5）在"number"字段上单击鼠标右键，在弹出的快捷菜单中选择"主键"命令，为数据表设置主键，完成后的效果如图 5-35 所示。

| 字段名称 | 数据类型 | |
|---|---|---|
| number | 自动编号 | 序号 |
| username | 文本 | 用户名 |
| password | 文本 | 密码 |
| truename | 文本 | 真实姓名 |
| sex | 文本 | 性别 |
| age | 数字 | 年龄 |
| address | 文本 | 所在地 |
| question | 文本 | 密保问题 |
| answer | 文本 | 答案 |
| interest | 文本 | 兴趣爱好 |
| remark | 文本 | 备注 |

图 5-35

6）关闭数据表时对数据表进行命名，命名为"information"。完成后的效果如图5-36所示。

图 5-36

7）至此，数据库编辑完成，退出 Access 2003。

# 子任务二 网站首页的制作

## 1. 创建站点并设置页面属性

1）启动 Dreamweaver，单击"站点"→"新建站点"命令，在弹出的对话框中设置"站点名称"和"本地站点文件夹"，设置效果如图5-37所示。

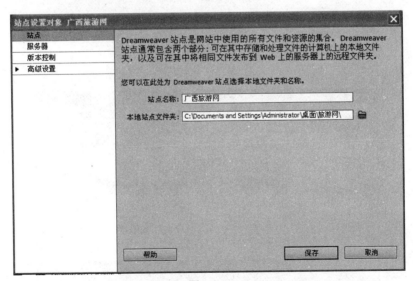

图 5-37

2）由于客户要求要实现新用户注册和登录，所以建立站点时需要设置服务器，如图5-38~图5-40所示。

**103**

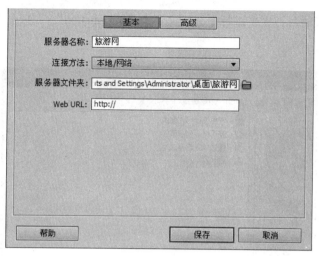

图 5-38

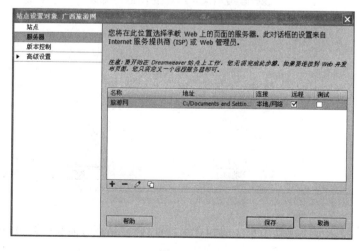

图 5-39

3）单击"确定"按钮，则在"文件"面板中显示刚才创建的站点。在站点根文件夹上单击鼠标右键，在弹出的快捷菜单中选择"新建文件"命令并重命名为"index.asp"。双击新创建的文件，进入其网页的编辑状态，如图 5-41 所示。

4）本项目使用 AWS 作为 ASP Web 服务器，AWS（ASP Web Server）是一款功能极为强大却仅有数百 KB 大小的纯绿色软件，其基本上能够成为广大 ASP 程序员和网站开发者的利器及必备武器之一。

图　5-41

AWS 几乎能非常完美地支持 ASP，可以在局域网和互联网上快速建立自己的网站服务器，并且已经支持域名绑定和虚拟目录等功能。

下一个项目再详细介绍 IIS 互联网信息服务的相关设置。

运行 AWS 后，在任务栏中可以看到一个绿色三角形的图标出现，如图 5-42 所示。

5）运行了 AWS 后，打开数据库窗口，效果如图 5-43 所示。

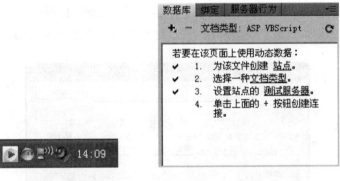

图　5-42　　　　　　　　　　　　　图　5-43

6）此时，创建 ODBC 数据源，选择"控制面板"→"管理工具"→"ODBC 数据源"，如图 5-44 所示。

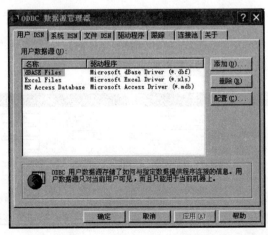

图　5-44

**105**

7）切换至"系统 DSN"选项卡，单击"添加"按钮，完成后打开"创建新数据源"对话框，如图 5-45 所示。

图　5-45

8）选择"Driver do Microsoft Access(*.mdb)"，单击"完成"按钮后打开"ODBC Microsoft Access 安装"对话框，设置"数据源名"，并选择数据库，如图 5-46 所示。

图　5-46

9）回到 Dreamweaver 软件，在数据库面板中单击 ➕ 按钮，选择"数据源名称（DSN）"，在打开的对话框中完成以下设置，如图 5-47 所示。

图　5-47

10）完成后"数据库"面板，如图 5-48 所示。

图 5-48

11）在编辑窗口中单击"页面属性"按钮，打开"页面属性"对话框，选择"分类"列表框中的"外观"选项，设置字体大小为"12"像素，设置背景图像，并在上、下、左、右边距文本框中均输入"0"像素，如图 5-49 所示。

图 5-49

12）选择"标题/编码"选项，设置编码为"简体中文（GB2312）"；单击"确定"按钮，返回编辑窗口，如图 5-50 所示。

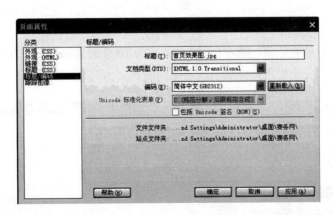

图 5-50

**107**

**2. 制作网站 LOGO 和导航**

1）插入 1 行 4 列、宽为 1000 像素的表格，背景色设为白色，填充、间距、边框均设为 0，设置居中对齐（注意：如果以后没有特殊要求，插入表格时均按此设置），将光标放置在第一个单元格中，插入图像如图 5-51 所示。

图 5-51

2）在第二个单元格中输入文字，第三个插入一个 2 行 1 列的表格，第一行插入一个跳转菜单，第二行输入文字，完成后的效果如图 5-52 所示。

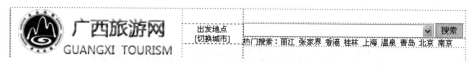

图 5-52

3）在第三个单元格中插入一个表单，在表单中插入 3 行 1 列的表格，按照效果图插入相应的文本框和文字（注意：文本框的 ID 必须与数据库中对应的字段名称相同），并设置好样式，效果如图 5-53 所示。

图 5-53

4）插入 1 行 14 列、宽为 1000 像素的表格，并切换到代码视图，输入文字和分割线后，分别设置字体样式，并调整单元格宽度，效果如图 5-54 所示。

图 5-54

**3. 搭建框架**

把光标定位在导航栏后面，插入 6 行 1 列、宽为 1000 像素的表格，表格背景色填充为白色。每一行分别制作一个栏目，完成后的效果如图 5-55 所示。

图 5-55

**4. 制作客户满意度栏目**

1）将第一行拆分成 2 列。

**108**

2）在左边单元格中插入 3 行 1 列的表格，宽度为 100%，并设置表格边框样式，在第一行中插入图像和文字，第二行插入水平线，在第三行中插入 4 行 1 列表格，输入相应的文字，最终效果如图 5-56 所示。

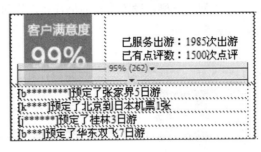

图 5-56

**5. 制作特价旅游栏目**

1）在右边单元格中插入 3 行 1 列的表格，在第一行中插入 1 行 5 列的表格，分别插入对应的图片和文字，并设置相关样式，效果如图 5-57 所示。

图 5-57

2）在第二行中插入一条水平线，切换到代码视图，设置水平线的相关属性如图 5-58 所示。

```
<hr color="#FF9933" size="5" />
```

图 5-58

3）在第三行中插入 3 行 4 列的表格，并插入对应的图片和文字，调整文字样式，最终样式如图 5-59 所示。

图 5-59

**6. 制作广西旅游栏目**

1）插入 3 行 1 列的表格，使用相同方法完成广西旅游栏目标题的制作。效果如图 5-60 所示。

**109**

图 5-60

2）选择第三行，插入 1 行 2 列的表格，设置表格边框样式，分别嵌套表格并插入相应的图片和文字，完成后的效果如图 5-61 所示。

图 5-61

**7. 制作国内旅游、出境旅游和景区美图栏目**

用同样的方法完成国内旅游、出境旅游、景区美图栏目的制作，最终效果如图 5-62～图 5-64 所示。

图 5-62

图 5-63

景区美图
更多景区美图>>

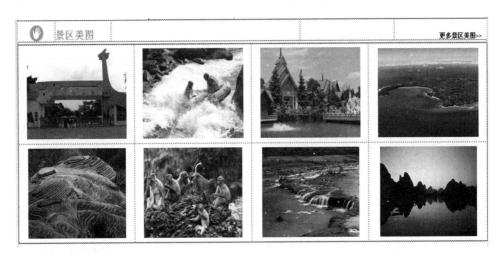

图　5-64

**8. 制作合作伙伴栏目**

插入 1 行 7 列的表格，设置单元格居中对齐，并插入对应图片，最终效果如图 5-65 所示。

广西工商
行政管理
电子商务
旅游分会
中国商务
信用平台
桂ICP备
10201101
可信网站
中国旅行
社协会
网络社会
征信网

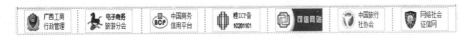

图　5-65

**9. 制作页脚版权信息**

最终效果如图 5-66 所示。

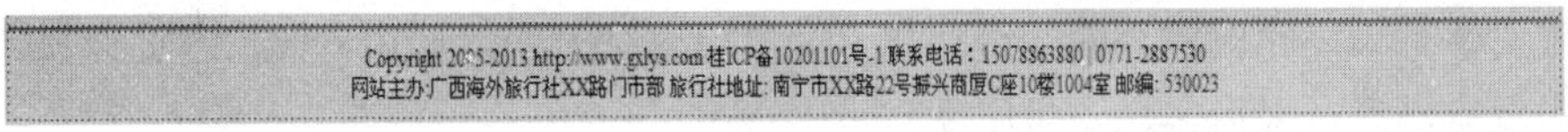

Copyright 2005-2013 http://www.gxlys.com 桂ICP备10201101号-1 联系电话：15078863880 | 0771-2887530
网站主办:广西海外旅行社XX路门市部 旅行社地址: 南宁市XX路22号振兴商厦C座10楼1004室 邮编: 530023

图　5-66

## 子任务三　网站子页的制作

在首页的基础上完成网站子页的制作。

## 子任务四　链接主页与子页

对主页与各子页之间进行链接，并使链接畅通。

## 项目修改评价

对制作完成的广西旅游网进行调试发布，在广泛征集客户意见的基础上，尽可能地按照客户的要求进行配套修改与更新，使得网站进一步完善，达到制作网站的目的。

完成如图 5-67 所示的广西旅游网制作评分表。

广西旅游网制作评分表

班级：_____ 组号：_____ 组长：_____ 组员：_____

| 任务 | 满分 | 自评<br>（20%） | 互评<br>（30%） | 师评<br>（50%） | 权重 | | 实得分 |
|---|---|---|---|---|---|---|---|
| 任务 1.1：客户需求分析 | 30 | | | | 理论 | 0.3 | |
| 任务 1.2：网站风格定位 | 20 | | | | | | |
| 任务 1.3：网站建设方案 | 20 | | | | | | |
| 任务 1.4：网站设计方案报价明细 | 30 | | | | | | |
| 任务 1.5：制作广西旅游网首页效果图 | 30 | | | | 理论+实践 | 0.6 | |
| 任务 1.6：制作广西旅游网分页效果图 | 20 | | | | | | |
| 任务 1.7：按首页、分页效果图制作页面 | 30 | | | | | | |
| 任务 1.8：征求客户意见，修改完善 | 10 | | | | | | |
| 任务 1.9：项目小结，评分 | 10 | | | | | | |
| 分析问题、解决问题的能力 | 50 | | | | 综合 | 0.1 | |
| 小组合作能力 | 50 | | | | | | |
| 合计 | 200 | | | | | | |

图 5-67

项目验收

至此，旅游网站的网站首页和三个子页（广西旅游、国内旅游和新用户注册）制作完成。张玲通过 QQ 把最终完成的页面传给客户。客户提出修改的意见和建议，网页设计师进行修改，直对双方满意。最后客户支付尾款。

项目小结

1）本项目主要介绍了旅游类网站的前期准备、中期制作和网站搭建等内容，突出了旅游类网站为游客提供服务及资源共享的特点。

2）通过本项目的学习，对网站制作的前期准备工作应有一个深刻的认识，明确客户需求分析、网站风格定位及网站建设方案的制定方法。同时应使学生增强对旅游类网站的感性认识，为以后各种类型网站的学习与实践奠定基础。

项目拓展

由于该网站是旅游网站首页，目前在课堂上只完成了首页及三个分页的设计制作，后面还有出境旅游、自助旅游、特价旅游和景区美图等栏目的二级分页和三级分页的制作，大家可以在前面学习的项目基础上，进行设计制作。

# 项目六　个人网站建设

## 项目情境

为了迎接即将举行的自治区中等职业技能比赛，结合学校教学计划，为了加快现代化学校建设步伐，提高校园文化生活品位，营造健康向上的网络德育氛围，学校鼓励同学们结合学习与实践活动及生活实际，积极探索、勇于创新，运用信息技术手段设计和创作计算机作品，培养"发现问题、分析问题和解决问题"的能力。学校将举行个人主页评比大赛，并给获奖者所在的班级加分，一个班级多个作品获奖可以累计加分，按总分评出集体奖，并选取比赛中表现比较好的选手代表学校参加上一级的比赛。张玲觉得此次比赛是一个检验自己所学技能的比赛，因此决定参赛。

## 项目引入

张玲浏览了学校发布的比赛技术文件，如图 6-1 所示，决定制作一个个人求职网站，一则可以显示自己的学习技能，二则可以在毕业实习之前宣传自己，为找到更好的实习单位做铺垫。

### 网页制作技能大赛题目及要求

一、参赛题目和主体自定。

二、考核内容。使用Photoshop设计和布局页面的能力，使用Dreamweaver在网页中插入中文字、图片和声音等素材，并且能够对各种素材加以修饰，使用CSS+DIV或表格对页面加以布局，能够充分展现页面内容，并能够使用各种超链接方式在各个页面间随意跳转，还可以提供与访客交互的功能，也可以对页面加以修饰。

三、考核要求。

1. 参赛作品由参赛选手在指定时间内独立完成。每个网站要求至少六张网页并且网页深度最多不超过三层，一定要保证页面信息的完整，所以建议大家不要将主题选得太大。

2. 网页的整个布局和设计应有自己的创意。

3. 由参赛选手自行策划设计制作，不限定创作工具。作品内容不得含有不健康信息，可出现商业性广告语和任何外部链接，严格遵守国家有关法律和法规。

4. 网页首页文件命名为index.asp。

5. 网页中的各种文件夹和文件名均使用小写英文字母和阿拉伯数字的组合，不得使用中文、标点符号或其他特殊字符。

6. 页面之间的链接应使用相对链接，不能使用绝对链接，并且各页面间能正确、方便地进行跳转。整个网站布局合理、美观。

7. 作品提交时必须注明作品名、作者名、作者Email、联系电话以及完整的作品简介（包括作品名称、作品说明、创作动机和创作思想等）。

图　6-1

 **项目实施**

项目实施流程如图 6-2 所示。

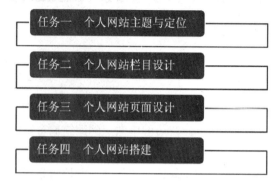

图　6-2

## 任务一　个人网站主题与定位

### 1. 网站主题

网站主题是首先遇到的问题。由于此次比赛为个人项目，不适宜做太大的项目，应遵循的原则如下。

1）主题要小而精。

2）题材最好是自己擅长或者喜爱的内容。

3）题材内容不要太差，目标不要太高。

在此原则下定位，以求职为主题，主要介绍个人学习能力、作品、就业方向和生活缩影等，并提供访客留言的界面（留言板），以此让用人单位了解自己的专业水平和生活态度。

### 2. 网站风格

在网页设计制作过程中，整个页面利用 Photoshop 来设计，体现个人的创新和想象力。导航栏放置在页面的上方，方便访问者浏览信息，并设置留言板块，便于访客交流。整个页面设计清新爽朗，颜色明快生动，彰显个性。

### 3. 技术定位

根据网站内容的要求，具有留言功能，则需要搭建服务器环境，结合数据库和相关脚本程序来完成，采用的开发环境和工具见表 6-1。

表　6-1

| 开发环境 | Windows Server 2003 IIS |
| --- | --- |
| 网站效果图制作工具 | Photoshop |
| 网页动画制作工具 | Flash |

**114**

（续）

| 网页制作及切图工具 | Dreamweaver/Fireworks |
|---|---|
| 网页特效工具 | JavaScript 样式 |
| ASP 动态网页工具 | VBScript |
| 数据库开发工具 | Access |

 任务二　个人网站栏目设计

1）根据个人网站主题的定位，本网站的栏目主要为首页、日志、相册、作品集、就业方向和给我留言。

2）根据栏目要求，本网站的站点结构如图 6-3 所示。

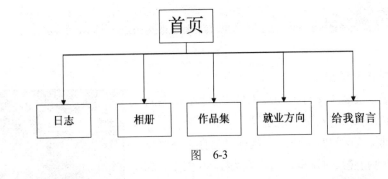

图　6-3

 任务三　个人网站页面设计

在进行网站建设之前，必须要进行页面效果图的设计，才可以进行网页的制作。下面将分别对主页和其他子页进行设计。

### 子任务一　网站主页设计

网站主页效果如图 6-4 所示。

1）页面顶部。页面顶部包含的内容有网站 LOGO 和网站导航。

2）页面主体。页面主体以一张用于翻页的图片作为背景，所包含的内容有左部导航（链接个人作品及各科目学习）、个人简介、个人生活照和个人宣言。

3）网页左部导航。设置导航，主要用于链接各科目学习资料和个人作品等，有助于访客了解个人能力。

4）页面底部。页面底部用于放置版权信息。

**115**

图 6-4

**1. 准备素材和新建文件**

1）素材准备。安装华文行楷和扁肉体等字体；准备背景图片、个人生活照和个人简单描述等。

2）准备绘制。启动 Photoshop，执行"文件"→"新建"命令，打开"新建"对话框，新建宽为 1280 像素、高为 1043 像素的文件，设置分辨率为 300 像素/英寸，颜色模式为 RGB 颜色。

3）创建图层组，便于分类管理。按照页面结构，构建图层组结构如图 6-5 所示。

4）设置背景。打开准备好的"bg. jpg"图片，利用"选区工具"选择并复制，在主文件粘贴，利用"自由变换工具"调整大小。

**2. LOGO 设计**

1）输入文字"首页"，设置字体为"段宁毛笔行书"，大小为"18"，利用"自由变换工具"适当调整角度。

2）利用"钢笔工具"绘制叶子形状，采用绿色渐变的效果填充，如图 6-6 所示。

**3. 绘制导航**

1）利用"圆角矩形工具"绘制导航大小的矩形。

2）按住<Ctrl>键，单击形状所在图层，将转换成为选区。

图 6-5

图 6-6

3）将形状图层删除。

4）在 Mainmenu 图层组内新建一个图层。

5）利用颜色填充"渐变编辑器"，添加两个色块，第一个色块颜色 RGB 为（215，226，111），第二个色块 RGB 为（145，128，108），第三个色块 RGB 为（132，87，60），第四个色块 RGB 为（139，41，2）。

6）设置渐变模式为"线性渐变"，从上到下填充。

7）在 Mainmenu 图层组插入"文字"图层，依次输入"作品集""相册""日志""就业方向"和"给我留言"，设置字体为"扁肉体"、大小为"8 点"，效果如图 6-7 所示。

图 6-7

### 4. 制作导航

1）在 "左部导航"图层组中新建图层。

2）新建一个矩形选区，填充颜色为 RGB（128，222，163），取消选区。

3）给图层采用"波纹"滤镜，参数设置如图 6-8 所示。

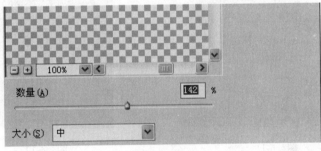

图 6-8

4）给该图层添加投影效果如图 6-9 所示。

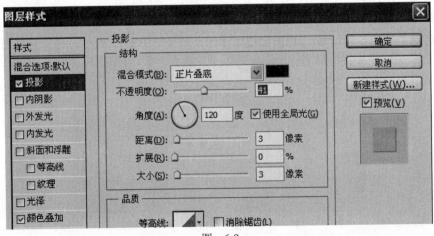

图 6-9

**117**

5）给图层添加颜色叠加效果，如图 6-10 所示。

图　6-10

6）将该图层复制五份副本，如图 6-11 所示。

7）依次给图层添加文本"1、经济政治""2、网页制作""3、中文 Flash""4、Auto CAD"
"5、电商基础"和"6、网络实训"，设置字体为"扁肉体"、大小为"11 点"。

8）打开卡通图片"kt.jpg"，复制到导航的上方，效果如图 6-12 所示。

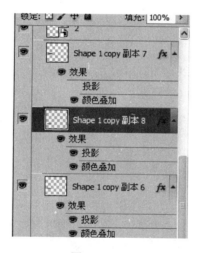

图　6-11　　　　　　　　　　　　　　　图　6-12

## 5. 设计网页主体

1）设置主体背景，在"主体背景"图层组中新建一个图层。

2）利用"选区工具"绘制一个矩形选区，并填充白色，取消选区。

3）选择"涂抹工具"，给白色图层边缘涂抹，效果如图 6-13 所示。

图　6-13

**118**

4）将准备好的个人照片打开，并复制到白色背景左侧。

5）参考白色背景的制作方式，在导航左下方位置描绘如图 6-14 和图 6-15 所示的形状，并将两图重叠，产生黄色投影的效果。

图　6-14　　　　　　　　　　　　　　　图　6-15

6）输入文字"个人资料"，设置字体为"段宁毛笔行书"、大小为"18 点"。

7）输入英文"community"，效果如图 6-16 所示。

8）利用"钢笔工具"绘制花卉，结合"涂抹工具"并填充颜色，如图 6-17 所示。

图　6-16　　　　　　　　　　　　　　　图　6-17

9）打开卡通图片"kt.jpg02"，并复制到文件的相应位置，绘制一个与卡通图片轮廓大小相同的形状作为背景，效果如图 6-18 所示。

图　6-18

10）输入个人文字信息，如图 6-19 所示。

**6. 制作网页底部**

网页底部主要是版权信息等相关内容，制作可参考以下操作。

1）利用"圆角矩形工具"绘制一个长方形。

**119**

图 6-19

2）按住<Ctrl>键，单击圆角矩形，使之转换成选区。

3）在"版权信息"图层组中新建选区。

4）填充颜色 RGB（104，184，43）。

5）在"图层"面板中设置图层填充为"55%"，如图 6-20 所示。

图 6-20

6）输入相应的版权文字"版权信息 Copyright ©2005-2014 碧碧制作，未经本人许可不得转载"，如图 6-21 所示。

图 6-21

## 子任务二　网站子页页面设计

以主页作为参考模板，可以对相关的子页进行制作，主要包括"作品集""给我留言""日志""就业方向"和"相册"，分别如图 6-22～图 6-26 所示。

图　6-22

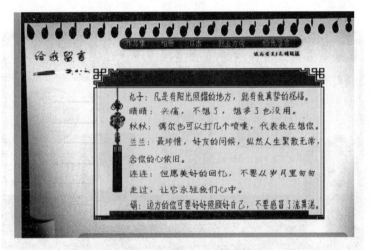

图　6-23

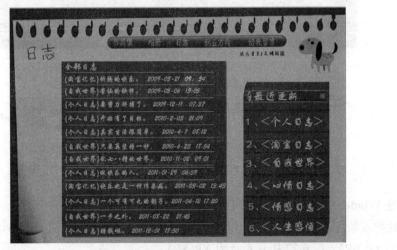

图　6-24

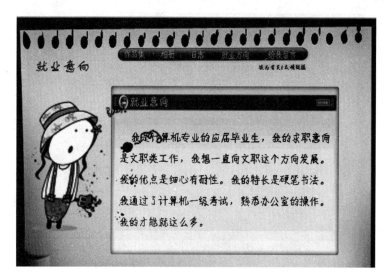

图　6-25

图　6-26

## 任务四　个人网站搭建

### 子任务一　网站测试服务器（IIS）环境搭建

**1. 在 Windows XP 系统中安装 IIS**

1）此种安装方式适合于 Windows XP 系统，采用的 IIS 5.1 版本适用于 Windows XP_SP1、XP_SP2、XP_SP3，图 6-27 所示系统为 XP_SP3。

**122**

图　6-27

2）依次选择桌面左下角的"开始"→"控制面板"→"添加/删除程序"，打开"添加/删除程序"窗口，单击窗口左侧"添加/删除 Windows 组件（A）"选项。

3）在打开的对话框中勾选"Internet 信息服务（IIS）"复选框，如图 6-28 所示。

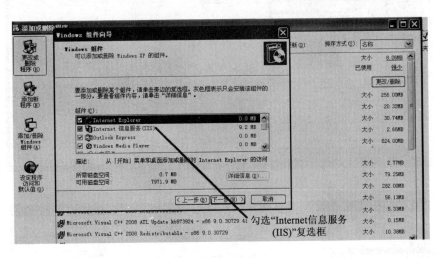

图　6-28

4）单击"下一步"按钮出现如图 6-29 所示内容，然后单击"浏览"按钮。

5）选择下载的 IIS 5.1 版本的安装路径，系统会自动提示相关文件，单击即可。

6）出现如图 6-30 所示的提示后就按照步骤 4）操作，直到顺利安装。

7）安装完成后打开"控制面板"→"管理工具"，会发现有了刚刚添加的"Internet 信息服务"，如图 6-31 所示，至此安装完成。

图 6-29

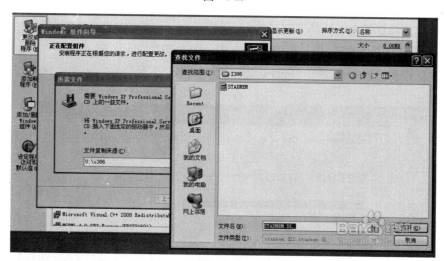

图 6-30

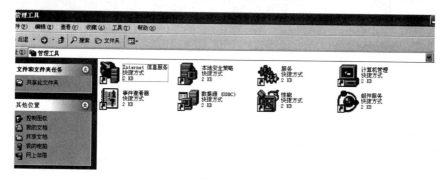

图 6-31

### 2. 在 IIS 中设置站点

安装完 IIS 服务器环境后，还要设置站点目录和默认文档等参数，才可以进行网页的测试，可参考如下操作。

1）在"控制面板"中打开 IIS（internet 信息服务）管理面板。

2）用鼠标右键单击"默认网站"，选择"属性"命令，如图 6-32 所示。

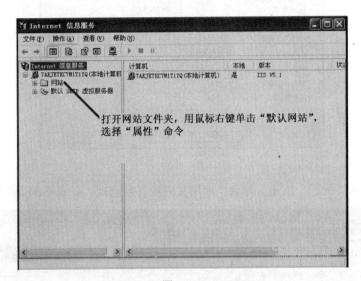

图 6-32

3）设置默认文档，切换至"文档"选项卡，添加新的默认文档"index.asp"作为默认主页，如图 6-33 所示。

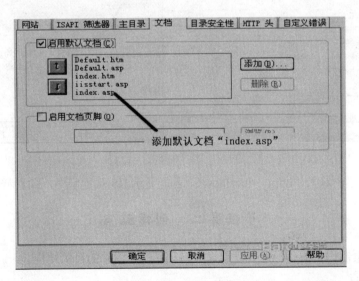

图 6-33

4）切换至"主目录"选项卡，执行权限选择"纯脚本"，设置本地路径为"C:\个人站点"（假设要完成的网站根目录为 C:\个人站点），如图 6-34 所示。

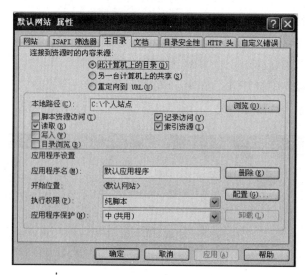

图　6-34

5）然后单击"配置"按钮，勾选"启用父路径"复选框，如图 6-35 所示。

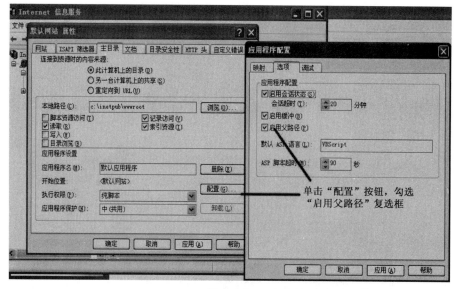

图　6-35

6）在地址栏中输入"http：//localhost"，若能显示 IIS 欢迎字样，则表示安装成功。

## 子任务二　创建站点

在进行网页制作之前，一定要设置好站点，并建好网站的目录结构。

**1. 创建站点**

1）打开 Dreamweaver，单击"站点"→"新建站点"命令，弹出如图 6-36 所示的对话窗，选择"C:\个人站点\"。

2）由于本网站有留言等动态内容，必须还要建立 ASP 文件（也可以是 JSP 和 PHP 等，由读者根据自己情况来选择），因此要进行远程服务器的配置，选择列表框中的"服务器"选项，如图 6-37 所示，选择底部的"+"按钮添加服务器。

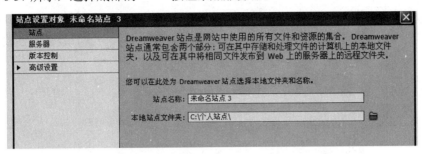

图　6-36

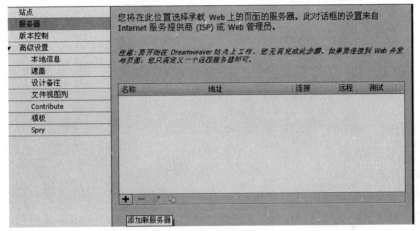

图　6-37

3）在弹出的对话框中，设置参数，如图 6-38 所示。

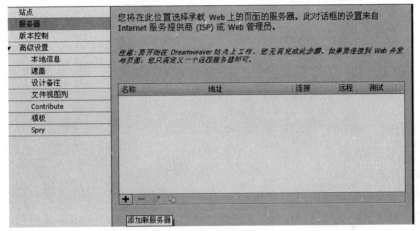

图　6-38

①服务器名称：可以根据需要设置，也可以采用默认设置。
②连接方法：此处选择"本地/网络"（有 SFTP 和 FTP 等方式）。

③服务器文件夹：此处选择站点文件夹"C：\个人站点"（也可以选择其他文件夹，但每次测试必须要上传站点）。

④Web URL：输入"http：//localhost/"（可输入站点 IP 地址，本机可以输入 127.0.0.199v99）。

4）设置 FTP 连接方式。在连接方法中可以设置为 FTP 连接方式，设置的参数如图 6-39 所示。

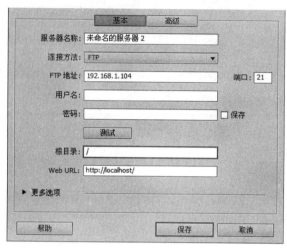

图　6-39

①连接方法选择"FTP"。

②FTP 地址输入服务器所在的 IP（一般为本机，如果是互联网则由服务器提供商提供）。

③用户名和密码此处默认为空（一般为本机，如果是互联网则由服务器提供商提供）。

④根目录为"/"。

5）选择"高级"选项，选择"ASP VBScript"。

6）保存后，勾选"测试"复选框，完成后如图 6-40 所示

图　6-40

**2. 创建文件及目录**

完成站点的设置后，应在站点目录内创建相应的目录和主页文件，如 index.asp(主页)、images（图片）、flash(动画)、zpj（作品集）和 WEB（子页）等，如图 6-41 所示。

## 子任务三　制作主页页面

完成基本的服务器环境搭建之后，接下来就是完成页面的制作。

步骤一：源文件的导出与保存。

1）将 PSD 源文件保存为"首页.png"文件（保存之前，将需要在 Dreamweaver 中输入

的文字信息隐藏）。

2）启动 Firework，打开"首页.png"文件。

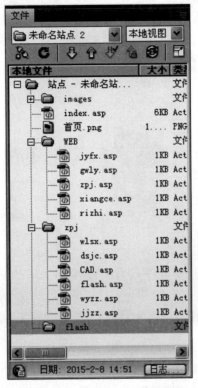

图 6-41

步骤二：进行页面效果图图片切割。

1）绘制标尺，选择 "视图"→"标尺"命令，根据页面需要，绘制参考线，如图6-42所示。

图 6-42

2）利用切片工具进行切割，效果如图 6-43 所示。

图　6-43

3）将切割好的图片导出到站点文件夹 "images" 中，文件名为 "index.png"（文件名不能为中文名），导出的参数为 "仅图像"，取消勾选 "包括无切片选区" 复选框，如图 6-44 所示。

| 文件名 (N)： | index.png | |
|---|---|---|
| 导出： | 仅图像 | |
| HTML (H)： | 无 | ∨ |
| 切片 (L)： | 导出切片 | ∨ |
| 页面： | 当前页面 | ∨ |
| □ 仅已选切片 (E) | | □ 仅当前状态 |
| □ 包括无切片区域 (C) | | |

图　6-44

4）导出完成后保存源文件，以便在制作过程中对部分内容进行调整。

步骤三：在 Dreamweaver 中制作 web 页面。

打开建好的 "index.asp" 文件，根据整个页面分布来制作。

1）制作导航。

①插入一个 2 行 3 列的表格，宽度为 "1280 像素"（根据效果图尺寸），将边框粗细、间

距、边距设置为"0像素"，居中对齐，如图6-45所示。

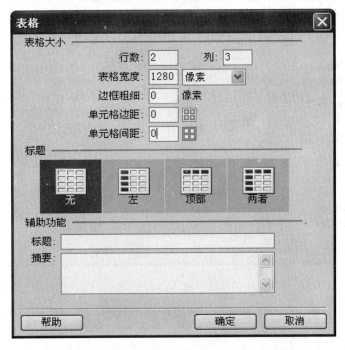

图　6-45

②将第一行的三个单元格合并。

③设置第一行表格高度为"97像素"。

④第二行第一个单元格为宽"339像素"、高"55像素"。

⑤第二个单元格的宽为"685像素"，第三个单元格的宽为"256像素"。

⑥将相应的图片插入表格。

⑦效果如图6-46所示。

图　6-46

2）制作横幅广告。

①插入一个1行1列的表格，设置宽度为"1280像素"，居中对齐，将表格名称定义为"hfgg"。

②打开"新建CSS规则"对话框，新建一个复合样式，仅用于该文档，如图6-47所示。

③设置样式的方框为宽"1280px"，高"248px"，如图6-48所示，背景设置为"index_r3_c1_s1.png"，如图6-49所示。

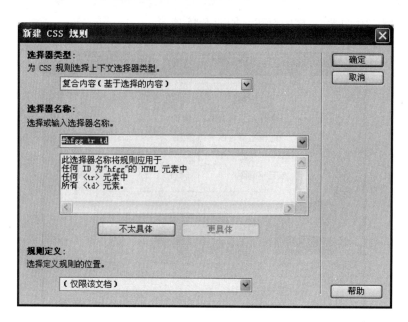

图 6-47

图 6-48

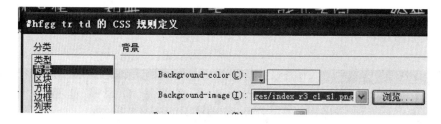

图 6-49

3）制作网页主体。

①插入一个 1 行 5 列的表格，宽度为"1280 像素"，居中对齐，将表格定义为表格 1。

②将单元格高度设置为"450 像素"。

③第一个单元格设置宽度为"68 像素"，插入图片"images/index_r4_c1_s1.png"。

④第二个单元格设置宽度为"271 像素"，设置水平居中，垂直顶部对齐，如图 6-50 所示。

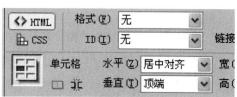

图 6-50

**132**

⑤第三个单元格设置宽度为"79 像素"；插入图片"index_r4_c3_s1.png"。

⑥第五个单元格设置宽度为"216 像素"；插入图片"index_r4_c8_s1.png"。

⑦第二个单元格插入一个 8 行 1 列的表格，宽度为 100%，设置 8 个单元格的高度分别为"30、62、61、65、61、63、67、41 像素"。

⑧将相应的图片插入到单元格中。

⑨将第四个单元格设置水平居中，垂直顶部对齐。

⑩效果如图 6-51 所示。

图 6-51

⑪插入 1 行 2 列的表格，宽度设置为"100%"，边框粗细、间距、填充均为"0 像素"。

⑫将第一个单元格高度设置为"342 像素"，宽为"222 像素"。

⑬在第二个单元格中插入一个 3 行 3 列的表格，宽度为"100%"，边框粗细、间距、填充均为"0 像素"。

⑭第一行的三个单元格合并，高度设置为"79 像素"。

⑮第二行的第一个单元格设置高度为"74 像素"、宽度为"217 像素"；后面的两个单元格合并，并插入相应的图片。

⑯第三行的三个单元格合并，并插入一个 1 行 2 列的表格，最后一个单元格设置宽度为"144 像素"、高度为"189 像素"，插入相应的图片。

⑰输入相应的个人信息，效果如图 6-52 所示。

图 6-52

4）制作网页底部。

①插入 3 行 1 列的表格，宽度设置为 "1280 像素"，边框粗细、间距、填充均为 "0 像素"。

②设置第一行的单元格高度为 "18 像素"，插入相应的图片。

③给第二行设置样式并应用，样式的方框和背景设置如图 6-53 和图 6-54 所示。

图　6-53

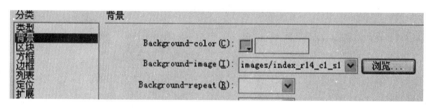

图　6-54

④应用样式，如图 6-55 所示。

图　6-55

⑤将第三行高度设置为 "34 像素"，插入相应的图片。

⑥输入相应的版权信息，效果如图 6-56 所示。

图　6-56

5）设置网页的链接。

①选择导航图片，再选择图形 "属性" 窗口的 "矩形热点工具"，在顶部导航画出热区，如图 6-57 和图 6-58 所示。

**134**

图 6-57

图 6-58

②选择"作品集"上的热区，将"链接"设置连接为"WEB/zpj.asp"，如图6-59所示。

图 6-59

③分别给热区"相册""日志""就业方向""给我留言"链接到"xiangce.asp""rizhi.asp""jyfx.asp""gwly.asp"。

④给左部导航图片"经济政治""网页制作""中文 Flash""AutoCAD""电商基础""网络实训"分别链接到"jjzz.asp""wyzz.asp""flash.asp""CAD.asp""dsjc.asp""wlsx.asp"。

至此，主页制作完成。

## 子任务四　制作其他页面

参考子任务三完成其他页面。

## 子任务五　制作留言

网站留言板作为访客与版主的交流载体，是每个网站应该具备的。实现留言板功能，首先要调试好站点，创建用于存储留言的数据库，选择脚本程序（如 ASP、JSP、PHP 等），设计和创建留言页面，并连接数据库，采用脚本语言或可视化网页制作软件（如 Dreamweaver）将留言内容保存并显示。

步骤一：创建留言数据库。

打开数据库制作软件 Microsoft access 2003，创建 liuyan.mdb 数据库，创建数据表 ly，表的结构见表6-2。

表 6-2

| 字段名 | 字段类型 | 备注 |
| --- | --- | --- |
| Name | 文本 | 长度为10，存储用户名 |
| Content | 备注 | 用于存放留言 |
| Shijian | 日期 | 格式为"中日期"，默认值为"=Now（）"，如图6-60所示 |

**135**

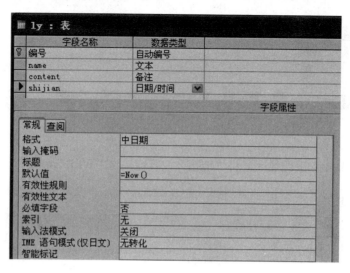

图 6-60

给数据表 ly 输入如下内容（见表 6-3），以便页面测试使用。

表 6-3

| Name | Content | Shijian |
|---|---|---|
| 晴晴 | 头痛，不想了，想多了也没用。 | 自动生成 |
| 秋秋 | 偶尔也可以打几个喷嚏，代表我在想你。 | 自动生成 |
| 兰兰 | 最珍惜，好友的问候，纵然人生聚散无常，念你的心依旧。 | 自动生成 |
| 连连 | 但愿美好的回忆，不要从岁月里匆匆走过，让它永驻我们心中。 | 自动生成 |
| 娟娟 | 远方的你可要好好照顾好自己，不要感冒了流鼻涕。 | 自动生成 |

步骤二：在留言页面制作表单。

**1. 制作留言表单**

1）在导航下方第一个单元格内插入一个表单 form1。

2）插入一个 1 行 4 列的表格，宽度为 100%，边框粗细、填充、间距均为 0 像素。

3）将第 1 个单元格设置高为 80 像素，宽为 100 像素，输入"留言人:"，并插入一个文本框，名称为"name"。

4）将第 2 个单元格设置宽为 50 像素，输入"内容"。

5）将第 3 个单元格设置宽为 200 像素，插入一个文本域，名称为"text"。

6）在第 4 个单元格插入按钮。

7）效果如图 6-61 所示。

图 6-61

**136**

**2. 制作留言表格**

1）在网页主体留言区域插入一个 2 行 1 列的表格，宽度为 100%，边框粗细、填充、间距均为 0 像素。

2）将单元格高度设置为 50 像素。

步骤三：连接数据库。

将网页上的留言内容保存和显示，还有将站点和数据库相连接，连接的方式有两种：字符串连接和系统数据库连接。本项目主要介绍系统数据库连接。

**1. 检查 ASP 文件**

查看"数据库"选项窗口，出现如图 6-62 所示的三个选项前都打勾，则说明网站环境已经可以进行数据库连接。

1）第 1 选项，主要是创建站点，如果没有打勾，则要重新创建或编辑站点。

2）第 2 选项，主要是选择一种动态脚本程序，如 ASP、VBScript 等。

3）第 3 选项，检查是否已经搭建了服务器环境。

**2. 进行数据库的连接**

1）打开数据库窗口左上角的 ➕ 符号，选择"数据源名称（DSN）"选项，如图 6-63 所示。

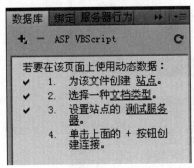

图　6-62

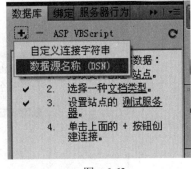

图　6-63

2）在弹出的窗口中，输入连接名，本项目为"conn"；窗口显示还没有可以连接的数据源，单击"定义…"按钮，如图 6-64 所示。

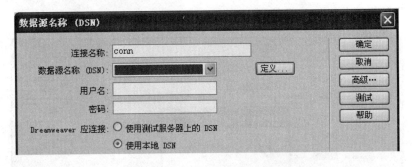

图　6-64

3）在弹出的对话框中选择"系统数据源"，并选择"Microsoft Access Driver（*.mdb）"，

如图 6-65 所示。

图 6-65

4）在数据库安装对话框中，输入数据源名"data"，并选择数据库路径，如图 6-66 所示。

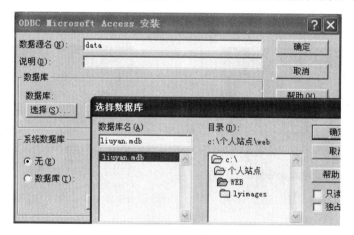

图 6-66

5）依次单击"确定"按钮，返回连接数据源对话框，单击"测试"按钮，出现"成功创建连接脚本"的提示，如图 6-67 所示。

图 6-67

6）在 Dreamweaver 数据库对话框中，依次展开数据源选项，出现如图 6-68 所示对话框，说明连接成功。

图　6-68

步骤三：制作留言和显示留言。

**1. 制作留言**

1）创建一个网页页面，输入"留言失败"。

2）选择网页中的 form1 表单，打开"服务器行为"窗口，在服务器窗口中选择"插入记录"命令，如图 6-69 所示。

3）在弹出的窗口中设置插入选项，连接名为"conn"，插入到表格输入"ly"，插入成功后跳转到"gwly.asp"插入失败跳转到"lysb.html"，如图 6-70 所示。

4）测试，在地址栏输入"http：//localhost/gwly.asp"，在弹出的页面中，输入留言人和留言内容，然后提交，打开数据库表，出现输入的数据则表示留言成功。

图　6-69

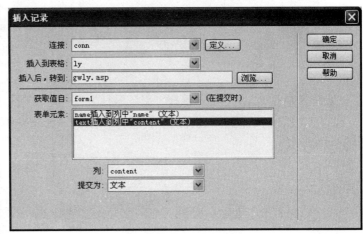

图　6-70

**2. 显示留言**

1）选择"服务器行为"→"记录集"。

2）在弹出的对话框中，设置连接名，排序字段为"编号""降序"排列，这样保证最新的留言会出现在最前面，如图 6-71 所示。

**139**

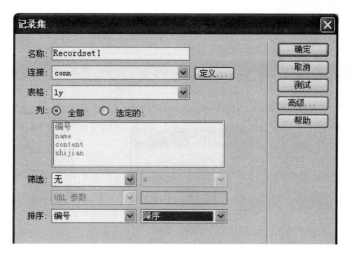

图 6-71

3）展开"绑定"→"记录集"，将记录集字段展开。

4）将记录集的"name""content"字段拖到页面显示留言的位置，如图 6-72 所示。

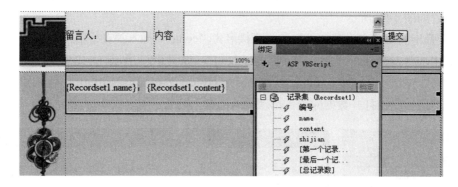

图 6-72

5）选择显示留言所在行，选择"服务器行为"→"重复区域"。

6）在弹出的对话框中，选择之前创建的记录集"Recordset1"，设置重复记录数为"10"，如图 6-73 所示。

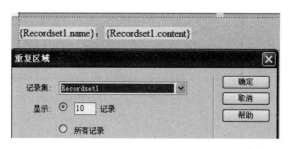

图 6-73

7）打开记录集分页，分别在表格第二行插入"上一页""下一页"链接，如图 6-74 所示。

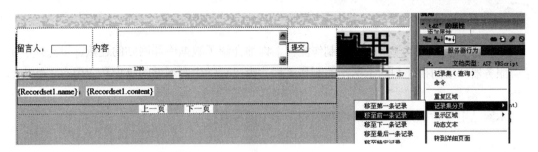

图 6-74

至此，留言页面制作完成。

 项目修改评价

完成作品后，先经过班级展示，由同学和老师进行点评，根据老师和同学的建议进行适当修改，使之更能展现个人技术特点和水平，更符合网站主题和比赛技术文件的要求。

完成如图 6-75 所示的个人网站建设制作评分表。

**个人网站建设制作评分表**

班级：_____  组号：_____  组长：_____  组员：_____

| 任务 | 满分 | 自评<br>（20%） | 互评<br>（30%） | 师评<br>（50%） | 权重 | | 实得分 |
|------|------|------|------|------|------|------|------|
| 任务 1.1：网站主题与定位 | 30 | | | | 理论 | 0.3 | |
| 任务 1.2：网站栏目设计 | 20 | | | | | | |
| 任务 1.3：网站主页设计 | 20 | | | | | | |
| 任务 1.4：网站子页面设计 | 30 | | | | | | |
| 任务 1.5：网站测试服务器（IIS）环境搭建 | 20 | | | | 理论+实践 | 0.6 | |
| 任务 1.6：按首页效果图制作页面 | 20 | | | | | | |
| 任务 1.7：按分页效果图制作页面 | 30 | | | | | | |
| 任务 1.8：制作留言板 | 10 | | | | | | |
| 任务 1.9：参加校级初评，并完善作品 | 10 | | | | | | |
| 任务 1.10：项目小结，评分 | 10 | | | | | | |
| 分析问题、解决问题的能力 | 50 | | | | 综合 | 0.1 | |
| 小组合作能力 | 50 | | | | | | |
| 合计 | 200 | | | | | | |

图 6-75

项目验收

经过老师的点评和完善后，最终将项目上交学校评委会，由评委会的评比作为对项目的验收。

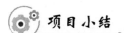

## 项目小结

本项目主要介绍了个人网站的制作流程，详细介绍了数据库和网站的连接，重点使学生了解服务器环境的搭建和动态网站的制作流程，为以后学生对网站的维护和应用有了初步的基础。

本网站主要是个人完成，加深和巩固了学生的专业技能。

## 项目拓展

本项目基本完成了个人网站的制作，与用户的交互仅实现了留言，用户注册和登录模块还没实现，同学们可以在本项目基础上，进一步完善网站要求，如登录和注册界面，要求登录之后才可以留言，作品集必须是注册用户登录后才可查看等。